* 초등학생이 쉽게 따라 할 수 있는 공부 습관과 정리 방법을 알려주는 맞춤형 공부 지침서!

엄태원(서울 무학초등학교)

* 초등이 아니라 중학생에게도 꼭 필요한 도서! 기초학력이 부족해 '어떻게 공부해야 할지' 모르는 코로나 키즈들에게, 필기·계획·정리부터 패드 활용과 생성형 AI까지 예시로 알려줘 큰 도움이 됩니다.

염지수(부천 도당중학교)

* 목표를 세우고 기록하는 힘을 아이에게 선물하는 책으로, 동료 교사로서 따스히 추천합니다.

유명선(경기 복사초등학교)

* 작게 시작해 매일 성장하는 힘! 초등 공부 습관을 꽃피우는 최고의 길잡이!

윤제희(서울 오금초등학교)

* 작은 습관과 실천이 공부의 변화를 이끈다는 사실을 보여주는 든든한 공부 가이드입니다.

이강민(경기 쌍동초등학교)

* 친근한 어투로 공부 정리 기술을 스텝 바이 스텝 정리한 책으로, 공부 정리가 어려운 학생에게 추천하고 싶어요.

이보람(경기 대청초등학교)

* 공부 습관에서 중요한 것은 자기관리능력! 자기관리 능력을 기르는 데 꼭 필요한 공부 정리의 목적과 방법을 알 수 있는 책입니다.

이상미(서울 위례솔초등학교)

* 멍 하니 수업을 듣던 아이들도 연필을 잡으면 눈빛이 달라집니다. 듣기만 하던 공부를 나의 배움으로 소화하려면 '쓰기'가 필요합니다. 쓰기의 기적을 습관으로 만드는 비법이 담긴 책입니다.

이소영(서울 경수초등학교)

* 어린 시절 이 공부법을 알았다면 얼마나 달라졌을까! 어린 학생들의 거대한 가능성을 여는 책!

이윤정(경기 판교초등학교)

* 친근한 설명과 실제 예시로 노트필기와 공부습관을 자연스럽게 잡아주는 초등 공부 정리의 기술!

이진주(이천 도지초등학교)

* 자녀를 둔 학부모님께 꼭 권합니다. 배운 내용을 스스로 정리하고 복습할 수 있는 비법을 친절하게 소개합니다.

이혜원(서울 미동초등학교)

* 아직 공부가 서툰 초등학생에게 차근차근 공부 방법을 알려주는 책. 잘 따라 하면 중학교 내신도 문제 없을 듯합니다.

임태영(제주 제주중학교)

* 가르치는 선생님도 배우는 학생도 모두에게 필요한 공부 정리의 끝판왕!

전소연(대구 월성초등학교)

* 초등 학습 습관을 실천으로 연결해 주는 최고의 안내서로 교사에게도 큰 도움이 됩니다.

정서인(시흥 시화나래초등학교)

* 정리 방식만 바꿔도 성과가 달라집니다. 학습 혁신의 정리 바이블!

정소영(대전 산성초등학교)

* 한 권으로 시작하는 변화! 좋은 습관이 좋은 결과를 만드는 맞춤 학습 가이드입니다.

조보민(당진 탑동초등학교)

* '그냥 공부해'가 아니라 스스로 공부하는 방법을 알려주고 공부 습관을 길러주는 자기주도 학습 가이드!

조혜진(제주 고산초등학교)

* 지식을 다루는 기술이 곧 성적이 되는 시대, 학생에게 가장 먼저 권하고 싶은 책!

주현주(인천 금곡초등학교)

* 주변 유혹을 끊어내고 나만의 공부 습관을 갖도록 돕는, 시작과 끝을 함께하는 책!

최웅비(수원교육지원청)

* 혼자서도 차근차근 공부를 정리할 힘을 길러주는 따뜻한 안내서입니다.

최지현(전남 여수종고초등학교)

* 공부가 두려운 모든 학생들에게 효율적으로 공부할 수 있도록 길잡이가 되어주는 비법서! 공부와 친해질 수 있다는 생각이 들 거예요.

최희주(고양 호수초등학교)

* 열심히 수업을 듣지만 전략이 부족해 평소보다 아쉬운 점수를 받는 나의 모든 학생들에게 선물하여 읽히고 싶은 책!

하선영(경남 대야초등학교)

* 이 책을 읽고 작은 것부터 따라 하면 공부 습관과 시간 관리 능력까지 키울 수 있습니다. 지금 바로 읽고 따라해 보세요.

현석흠(제주 신촌초등학교)

* 배우는 즐거움을 알려주는 공부 안내서로 초등뿐 아니라 중고생에게도 추천합니다.

현승아(제주 귀일중학교)

* 자기주도학습의 기초인 노트필기 기술을 알려주고, 스스로 생각하고 정리하는 힘을 길러주는 필독서입니다.

현운석(충남 북창초등학교)

* 쉬운 단계와 구체적 전략으로 아이가 스스로 공부 습관을 잡도록 돕는 친절한 초등 공부 정리의 기술!

홍성호(충주 중앙탑초등학교)

초등 공부
정리의 기술

초등 공부
정리의 기술

© 좌승협, 서휘경, 이윤희, 이주영

초판 1쇄 인쇄 2025년 12월 23일
초판 1쇄 발행 2026년   1월 15일

지은이 좌승협, 서휘경, 이윤희, 이주영
펴낸이 박지혜

기획·편집 박지혜
디자인 박선향
제작 제이오

펴낸곳 (주)멀리깊이
출판등록 2020년 6월 1일 제406-2020-000057호
주소 10881 경기도 파주시 회동길 37-20, 2층
전자우편 murly@murlybooks.co.kr
편집 070-4234-3241 팩스 031-935-0601
인스타그램 @murly_books

ISBN 979-11-91439-73-1 13590

초등 공부 정리의 기술

계획은 똑부러지게, 배운 내용은 한 장으로 깔끔하게

좌승협·서휘경·이윤희·이주영 지음

멀리가

자꾸만 공부가 하고 싶어지는 마법
'공부 정리의 기술'

열심히 하는데도 성적이 나오지 않는다면 정리의 기술을 모르기 때문

《초등 노트 필기의 기술》이 출간된 지 벌써 6년이 되었습니다. 이 책은 초등학생을 위한 노트 필기법을 소개하며 많은 독자의 사랑을 받았고, 특히 코로나19 시기에는 '혼자 공부하는 힘'이 중요해지면서 더 많은 관심을 받았습니다. 많은 초등학생 독자로부터 이 책을 통해 노트 필기 습관을 만들고, 혼자 공부하는 방법을 터득했다는 후기를 들었습니다. 이 책을 만든 선생님 모두가 고마운 마음을 전합니다.

친구들의 칭찬과 관심 덕분에 기뻤지만, 동시에 '우리가 더 잘해야겠다.'는 책임감도 느꼈습니다. 초등학생을 위해 친절하게 노트를 정리하는 방법을 알려주는 책이 부족하다는 것을 알게 되었고, 친구들이 노트 필기하는 방법뿐만 아니라 공부 방법 전반을 궁금해한다는 것도 알았습니다. 그래서 매일매일 해야 할 일을 계획하고, 실천하며, 배운 내용을 구조화해 노트로 옮기고 시험을 대비하는 법, 즉 '진짜로 공부하는 법'을 더 자세히 안내해야겠다고 생각했습니다.

우리 학생들에게는 '공부 정리의 기술'이 필요합니다. '공부 정리의 기술'은 단순히 문제를 잘 풀고 외우는 것만을 의미하지 않습니다. 스스로 공부하기 위해 필요한 모든 기술과 능력을 말하는 것입니다. 열심히 공부하겠다고 책상에 앉아는 있지만 금방 딴짓을 하거나, 계획을 세워도 사흘을 지키기가 어렵고, 문제집에는 공부한 흔적이 가득한데 머릿속에는 어떤 내용도 남아 있지 않은 이유가 무엇일까요? 바로, 공부 정리의 기술이 없어서입니다. 공부를 계획하고, 배운 것을 내 것으로 만드는 방법을 모르는 친구들은 공부를 해도 공부한 내용이 머릿속에 정갈하게 구조화되지 않습니다.

'공부 정리의 기술'이란 어떻게 공부할지 결정하고 스스로 직접 해 보는 힘입니다. 공부 준비부터 실천, 노트 필기까지 모든 과정을 내 힘으로 잘해 내는 친구들은 성적도 쉽게 올릴 수 있습니다. 그럼에도 많은 친구가 공부를 어떻게 계획하고 실행하는지, 어떻게 공부한 내용을 내 것으로 만드는지 잘 모릅니다. 실제로 교실에서도 공부 계획을 세우고 싶지만 방법을 몰라 헤매는 친구들, 그리고 세운 계획을 어떻게 실천해야 할지, 공부를 더 잘할 수 있는 비법을 모르는 친구들을 자주 상담하게 됩니다. 이런 현실에 공감한 우리 네 명의 선생님들은 '공부를 잘하고 싶어 하는 친구들에게 정말 도움이 되는, 더 구체적이고 실천 가능한 해결 방법'을 전하고자 새로운 여정을 시작했습니다.

두렵고 떨리는 중학교 과정에 완벽하게 대비하도록

기존의 책《초등 노트 필기의 기술》이 온라인 수업 환경과 노트 필기에 중점을 두었다면, 이번 책은 요즘 초등학생들이 어떤 환경에서 공부하는지, 무엇을 고민하고 궁금해하는지 깊이 생각하여, 지금 우리 친구들에게 꼭 필요한 내용을 담고자 했습니다.

네 명의 집필진 선생님은 각자 교실에서 얻은 경험과 오랜 연구를 바탕으로, 스스로 공부하는 방법과 노트 필기에 대한 새로운 접근을 시도했습니다. 서로 다른 전문성과 시선을 가진 네 명의 선생님이 힘을 모아, 공부 계획을 세우는 방법, 공부를 꾸준히 실천하는 법, 그리고 학교 공부를 넘어 앞으로 마주하게 될 다양한 배움에 필요한 핵심 내용들까지 이 책 안에 정성껏 담았습니다. 특히 노트 필기를 단순히 '교과서 베껴 쓰기'가 아닌, 생각을 확장하고 공부한 내용을 스스로 정리하는 강력한 도구로 소개하며, 멋진 노트를 만들어가는 과정을 친절하게 안내합니다.

이 책을 통해 친구들은 다음과 같은 '공부 정리 기술'을 익힐 수 있습니다.

① 플래너를 활용해 공부 계획을 제대로 세우는 방법
② 배운 내용을 자기 것으로 만드는 노트 필기 방법
③ 다양한 시험 준비 노하우
④ 디지털 도구를 활용한 공부 방법

이 책은 특히 초등학교 고학년 친구들의 눈높이에 맞추어 구성했습니다.

교실에서 초등학생을 직접 가르치고 있는 선생님들의 실제 경험과 고민을 바탕으로 만들었기 때문에, 복잡한 설명을 덜어내고 친구들이 직접 보고 이해하며 바로 따라 할 수 있는 방식으로 꾸몄습니다. 책 속 모든 공부 방법은 마치 선생님이 옆에서 차근차근 알려주는 것처럼 친절하고 명확한 말로 설명되어 있어, 누구나 쉽고 재미있게 따라 할 수 있습니다.

이 책에 담긴 선생님들의 진심이 중학교 진학을 앞둔 초등 고학년 친구들, 그리고 공부에 욕심을 가진 모든 학생에게 든든한 성장의 길잡이가 되기를 바랍니다. 낯설고 어려울 수 있는 중학교 과정에 당황하지 않고, 스스로 당당하게 공부할 수 있도록 도와주는 안내서가 되었으면 합니다. 이 책을 통해 친구들이 단순히 지식을 익히는 것을 넘어, 스스로 생각하고 공부를 정리하는 '공부 정리의 힘'을 키우길 바랍니다.

여러분이 빛나는 배움의 주인공으로 성장하는 그날까지, 이 책이 늘 곁에서 함께하는 소중한 친구이자 든든한 힘이 되어 줄 것입니다.

1장

계획을 세우면
해야 할
공부가 명확해져!

공부 습관화 전략

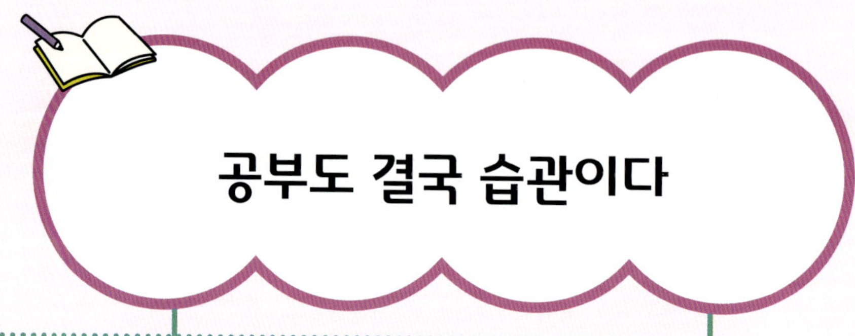

부모님께 가장 많이 듣는 잔소리가 뭐야? 아마도 "스마트폰 좀 그만 해라!" 아닐까? 스마트폰은 참으려고 해도 자꾸 손이 가. 어느새 영상이나 게임을 보고 있지. 만약 공부도 스마트폰처럼 재미있는 습관이 된다면 얼마나 좋을까?

우리의 뇌는 '재미있는 일'을 먼저 기억해

우리의 뇌는 재미있는 자극에 빠르게 반응해. 예를 들어 스마트폰은 흥미로운 영상과 빠르게 변하는 화면, 자극적인 소리로 우리의 뇌를 끌어당겨. 그렇게 현란한 영상에 집중하다 보면, 뇌는 그 화면에 익숙해지고 더 강한 자극을 원하게 돼. 결국 우리는 무의식적으로 스마트폰을 반복해서 찾는 습관을 만들게 되지. 이처럼 습관은 자연스럽게 형성되어 우리의 행동을 지배하게 돼.

그렇다면 이 강력한 '습관의 힘'을 공부에 활용하면 어떻게 될까? 공부가 점점 더 재미있어지고 성취감도 커질 거야. 이제, 공부 습관을 만드는 방법을 함께 알아보자!

공부는 한 번의 열정보다 매일의 반복이 더 중요해. 어떤 친구들은 새로운 공부법을 발견하면 금방 따라 해. "나도 이렇게 해 볼까?", "좋은 방법 같은데?" 하고 말이야. 그런데 며칠 지나지 않아 포기하고 또 다른 방법을 찾는 경우가 많아.

아무리 좋은 공부법이라도 매일 반복하지 않으면 내 것이 될 수 없어. 그리고 공부법의 효과는 단기간에 드러나지 않아. 최소 21일 이상, 정해진 시간 동안 꾸준히 실천해야 진짜 힘을 발휘하지.

지금부터 '일곱 단계 무지개 공부 약속'을 실천해 보자. 하루 60분, 딱 일곱 단계 활동으로 공부 습관을 만들어 보는 거야!

일곱 단계 무지개 공부 약속

순번	내용	시간
1단계	아침에 일어나자마자 전날 공부한 내용을 연습장에 적기	5분
2단계	플래너에 오늘 공부할 내용 및 계획 작성하기	5분
3단계	공부 시작 전 책상 정리하기	5분
4단계	방해되는 물건은 모두 다른 곳에 두기	5분
5단계	계획한 시간 동안 집중해서 공부하기	30분
6단계	체크리스트에 스티커나 펜으로 기록 남기기	5분
7단계	공부 후 책상 정리로 마무리하기	5분

이 '일곱 단계 무지개 공부 약속'을 모두 더하면 딱 60분이야. 하루에 60분만, 최소 21일 동안 꾸준히 실천해 보자. 습관이 만들어지는 과정은 쉽지 않아. '오늘 하루는 그냥 쉬고 싶어.', '몸이 안 좋은 것 같아.', '엄마 아빠도 안 계시니까 그냥 놀까?' 이런 생각이 들 수 있어. 하지만 기억해! 단 한 번의 예외가 그동안의 모든 노력을 무너뜨릴 수 있어. 공부 습관은 단단한 마음으로 끝까지 지켜야, 비로소 진짜 습관이 될 수 있어.

스마트폰 습관을 공부 습관으로

· **스마트폰 습관**: "어라, 내가 언제 스마트폰을 손에 쥐었지?"

· **공부 습관**: "나도 모르게 책상에 앉아 있네?"

우리가 만들어야 할 습관은 바로 공부 습관이야. 공부 습관이 생기면 뇌가 공부를 '재미있는 일'로 받아들여. 자연스럽게 집중하게 되고, 학업 성취도도 함께 올라가게 돼.

지금 이 순간, 습관 만들기를 시작하자. "내일부터 시작해야지."라는 말은 실패로 가는 지름길이야. 지금 이 순간! 하루 60분, 나만의 공부 습관을 시작해 보자. 책상 앞에 앉고, 오늘의 공부 계획을 세워 봐. 그 순간부터 공부 리듬이 만들어지고, 나도 모르게 책을 펴게 될 거야.

힘이 되는 한 줄

"공부는 재능보다 습관! 꾸준함이 만들어 낸 작은 반복이, 결국 나의 미래를 바꾼다."

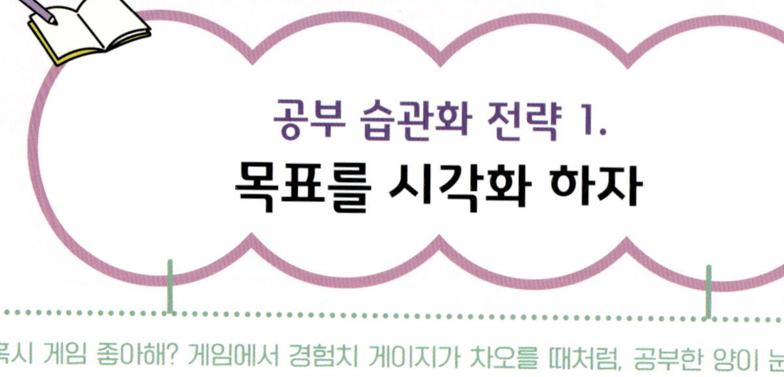

혹시 게임 좋아해? 게임에서 경험치 게이지가 차오를 때처럼, 공부한 양이 눈에 보이면 성취감과 의욕이 생겨. 나의 습관을 어떻게 눈에 보이게 만들고, 더 재미있게 실천할 수 있는지 방법을 알려줄게. 이것이 바로 목표 시각화 전략이야.

달력 진도표로 성취의 기쁨 느끼기

달력과 스티커, 또는 좋아하는 색의 형광펜을 준비해. 해야 할 일을 적고 얼마나 지켰는지 표시해 보자. 예를 들어, 국어 EBS 교재 1강을 풀면 분홍색 스티커, 모르는 영어 단어 20개를 외우면 초록색 스티커, 수학 교재 두 장을 풀고 오답까지 정리하면 파란색 스티커를 달력에 붙이는 식이야. 스티커가 하나씩 늘어날 때마다, 뿌듯함도 함께 쌓이지!

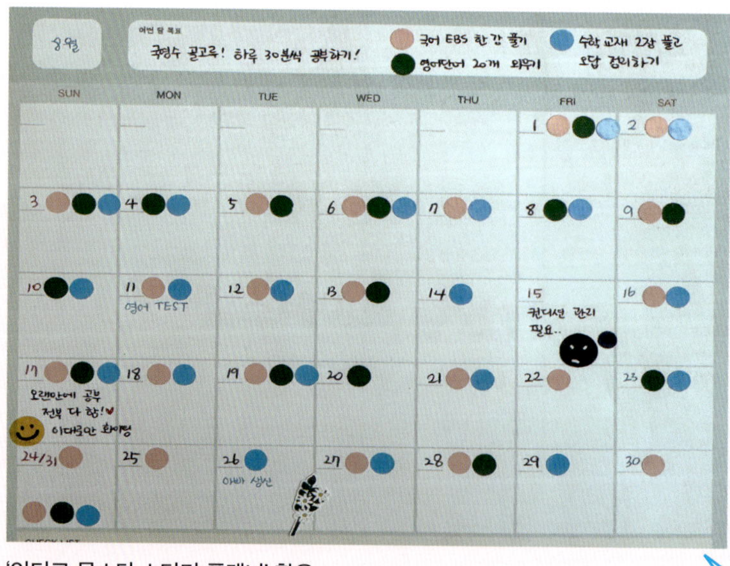

'인디고 몬스터 스터디 플래너' 활용

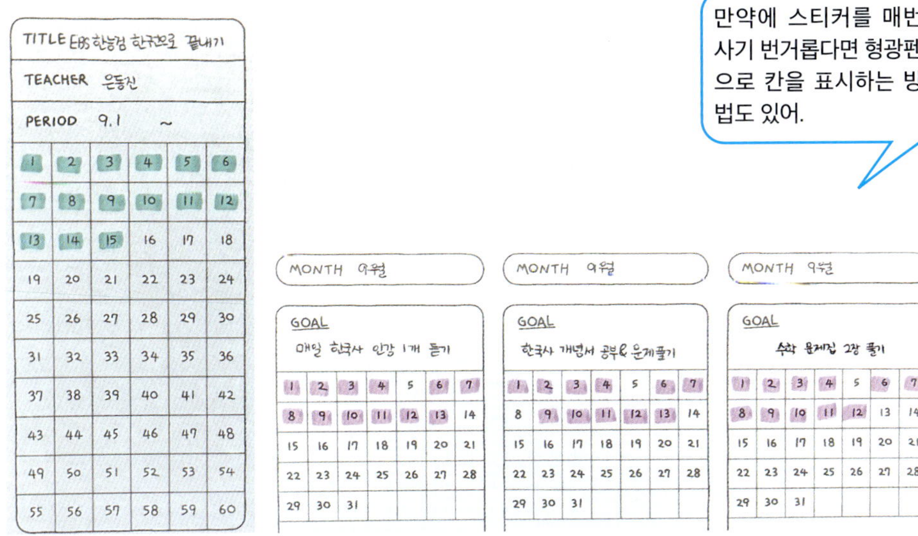

'아이코닉 두들 스터디 플래너' 활용

매일 체크리스트 꼼꼼하게 챙기기

혹시 '투두리스트(To Do List)' 메모판 본 적 있어? 매일 해야 할 일을 적어 두고, 실행할 때마다 옆에 있는 버튼을 넘겨 체크 표시를 하는 방식이야. 이런 투두리스트는 눈에 잘 띄는 곳, 예를 들면 내 방 벽이나 냉장고에 붙여 두고 수시로 확인하는 게 중요해.

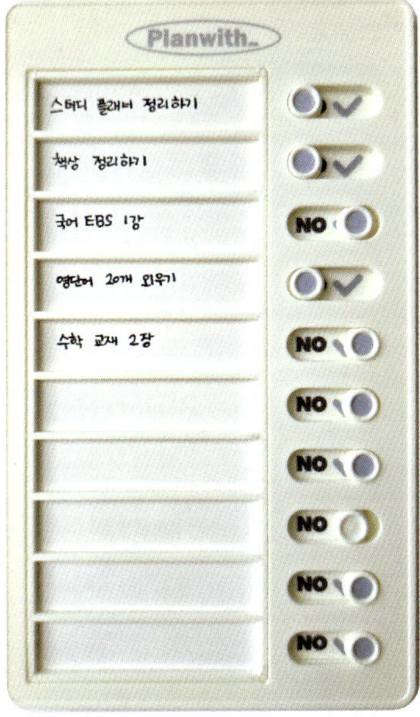

'영어 단어 20개 외우기'처럼 공부와 관련된 것도 좋고, '스터디 플래너에 오늘 공부할 내용 적기', '공부 시작 전 책상 정리하기'처럼 아주 사소한 생활 습관도 괜찮아. 중요한 건, 매일 조금씩이라도 채워 나가는 거야. 혹시 하루를 놓쳤다고 해도, 지금까지 쌓아 온 습관이 모두 무너지는 건 아니야. 포기하고 싶은 순간을 잘 넘긴다면, 오히려 더 단단한 습관을 만드는 힘을 기를 수 있어. 하루하루 나의 작은 습관들이 루틴이 되어 가는 즐거움, 한 번 느껴 보면 아마 멈출 수 없을걸?

"성공은 특별한 일이 아니라, 매일 해내는 작은 습관 속에 있다! 단 한 번 열심히 하는 것보다, 매일 조금씩이라도 꾸준히 해내는 힘이 진짜 능력이야."

하루 60분이면 공부 습관을 만들 수 있어. 공부 습관을 들이는 것이 어려운 이유 중 하나는, 지루하고 보상이 없기 때문이 아닐까? 그렇다면 공부를 게임처럼 생각해 보면 어때? 게임처럼 재미있게 공부하는 습관을 만들 수도 있을 거야.

1단계: 공부 시작 전 준비하기

상황	유혹	내가 할 수 있는 해결 방법
공부를 시작하려 할 때	스마트폰에 손이 간다.	스마트폰을 멀리 치우거나, 부모님께 잠시 맡겨 둔다.
책상 앞에 앉았을 때	가만히 앉아 있지 못하고 자꾸 움직이고 싶다.	타이머를 설정해서, 정해진 시간 동안 자리에서 일어나지 않는다.
아무것도 하기 싫을 때	계속 누워 있고 싶고, 자꾸만 공부를 미루고 싶다.	"그냥 해야 해."라는 말을 여러 번 반복한다. 이유를 따지지 말고, 머릿속에 핑계가 떠오르기 전에 그냥 시작한다.

매일 공부를 시작하기 전에 플래너나 종이에 한 줄 문장을 적어 봐. "나는 오늘도 포기하지 않고 공부 습관을 지키는 사람이다!"와 같이 쓰는 거야. 단순히 "공부해야지."라고 쓰지 말고, 내가 어떤 사람인지 알 수 있는 문장을 적는 게 좋아.

2단계: 21일 '일곱 단계 무지개 공부 약속 실천표' 만들기(15쪽 참고)

앞서 15쪽에서 '일곱 단계 무지개 공부 약속'에 대해 설명했지? 1단계는 아침에 일어나자마자 전날 공부한 내용을 짧게 연습장에 적어 보는 것, 2단계는 플래너에 오늘 공부할 내용과 계획을 작성하는 것이었어. 이렇게 1단계부터 7단계까지를 매일 꾸준히 실천해 보는 것이 무엇보다 중요해.

스스로 21일 동안 연속으로 실천할 수 있도록, '무지개 공부 약속 실천표'를 만들어 봐.

새로운 행동이 습관이 되는 데 걸리는 시간은 약 21일 정도라고 해. 처음엔 어색하던 행위가 시간이 지나면서 자연스럽게 몸에 배는 것이지. 처음에는 의식적으로 노력해야 하지만, 21일 정도 반복하면 뇌가 그 행동을 '익숙한 일'로 받아들이기 시작한대. 21일 실천표를 다이어리나 책상 앞에 붙여두고 매일매일 하나씩 몸에 익혀 보자.

날짜	1단계	2단계	3단계	4단계	5단계	6단계	7단계	오늘의 느낌
1일차	☑	☑	☑	☑	☑	☑	☑	할 수 있어!
2일차	☑	☑	☑	☑	☑	☑	☑	그냥 하는 거야!
3일차	☑	☑	☑	☑	☑	☑	☑	기분 최고!
...								
21일차	☑	☑	☑	☑	☑	☑	☑	나는야 습관왕!

'한 번 하고 포기'하는 게 아니라, '끈기 있게 해 내기'가 더 중요해! 실천표에 체크 표시가 가득하면, '와, 나 진짜 열심히 했구나.' 하는 생각과 함께 끝까지 포기하지 말아야겠다는 의지도 생길 거야.

3단계: 타이머와 함께 공부하기

공부를 하다 보면 잠시 공부를 멈춰야 할 때가 있어. 불가피한 일도 있지만, 내가 통제할 수 있는 상황은 반드시 통제해야 해. 이럴 때 도움이 되는 도구가 바로 타이머야.

모드선택	카운트업(0부터 시작해서 60분 채우기) 또는 카운트다운(60분에서 0까지) 중 하나를 선택해. 어떤 방식을 쓰든 정해진 시간 동안 집중하는 게 핵심이야.
시작	타이머를 켜고 60분 동안 공부에만 집중해. 끝날 때까지 자리에서 일어나지 않기!
중단	화장실처럼 어쩔 수 없는 상황이 생기면, 타이머를 일시정지하고 돌아오자마자 바로 다시 시작해. 일시정지한 시간은 공부 시간에 포함하지 않아.
완료	타이머가 60분을 채우면 종료! 5~10분 쉬고 다음 세트를 시작해.

우리가 정말 중요하게 생각해야 할 건 내가 정한 60분을 끝까지 지키는 거야. 포기하지 말고, 꼭 마무리하자!

공부 습관을 만들기 위해선 많은 노력이 필요해. 그만큼 어렵고 힘들 수도 있겠지. 하지만 공부 시작 전에 마음가짐을 다지고, 나만의 '무지개 공부 약속 실천표'를 만들어서 꾸준히 실천하면 그 누구보다도 단단한 공부 습관을 만들 수 있을 거야. 공부는 억지로 하는 게 아니라, 익숙해서 하게 되는 거야. 공부는 노력으로 시작해서 습관으로 완성된다는 걸 잊지 마.

일곱 단계 무지개 공부 약속

단계	내용	시간
1단계	아침에 일어나자마자 어제 공부한 내용 연습장에 적기	5분
2단계	플래너에 오늘 공부할 내용 및 계획 작성하기	5분
3단계	공부 시작 전 책상 정리하기	5분
4단계	방해되는 물건은 모두 다른 곳에 두기	5분
5단계	계획한 시간 동안 집중해서 공부하기	3분
6단계	체크리스트에 스티커나 펜으로 기록 남기기	5분
7단계	공부 후 책상 정리로 마무리하기	5분

일차	1단계	2단계	3단계	4단계	5단계	6단계	7단계	성취의 느낌
1일차	✓	✓	✓	✓	✓	✓	✓	시작이 좋아! 아자아자!
2일차		✓	✓	✓	✓	✓	✓	늦잠을 자버렸어ㅠㅠ
3일차	✓	✓	✓	✓	✓	✓	✓	벌써 공부 습관이 생긴 기분!
4일차	✓	✓	✓	✓	✓	✓	✓	오늘은 스마트폰을 한번도 안 봤어
5일차	✓	✓	✓	✓		✓	✓	정리 시간이 길어져 정작 공부를 X
6일차	✓	✓	✓	✓	✓	✓	✓	토요일인데도 해냈다!
7일차	✓	✓	✓	✓	✓	✓	✓	5주가 늘 때 공부하는 나 칭찬
8일차								
9일차								
10일차								
11일차								
12일차								
13일차								
14일차								
15일차								
16일차								
17일차								
18일차								
19일차								
20일차								
21일차								

나는 해낼 수 있는 사람이다!!

"기록은 성장의 가장 정확한 증거다. 매일 꾸준히 일정을 관리하고 필기하는 일이 힘들 수 있어. 하지만 이 모든 노력이 가장 확실한 성장의 증거라는 것 잊지 마."

매일 꾸준히 공부하는 습관을 만들려면 처음부터 너무 욕심내서 많이 공부하려고 하면 안 돼. 금방 지치고 포기하게 되지. 그래서 필요한 게 바로, 작게 쪼개서 매일 공부하는 습관이야.

왜 공부 분량을 작게 쪼개야 할까?

줄넘기를 처음 배우는 친구에게 줄넘기를 잘하는 비결을 알려준다면, 대부분 "매일 연습해야 해!"라고 말할 거야. 공부도 줄넘기나 운동처럼 자주, 꾸준히 할수록 실력이 늘어. 그리고 공부 목표를 작게 쪼개면 '이 정도면 나도 할 수 있겠는데?' 하는 자신감이 생겨. 이렇게 하루하루 성취감을 쌓다 보면 공부가 점점 재미있어지고, 그 작은 습관들이 쌓여서 진짜 공부 습관이 되는 거야.

반대로 목표를 너무 크게 세우면 어떻게 될까? 욕심만 앞서서 '하루에 영어 단어 200개 외우기' 같은 무리한 계획을 세우게 돼. 그러면 시작도 하기 전에 지치거나, 아예 공부 자체가 싫어질 수 있어. 설령 시작하더라도 금방 포기하기 쉽고, 실패가 반복되면 자신감도 점점 떨어지게 돼. 결국엔 계획을 세우는 것조차 의미 없게 느껴질 수 있지.

그래서 중요한 건, 성공하기 어려운 큰 목표를 세우기보다 오늘 당장 실천할 수 있도록 목표를 잘게 쪼개어 작은 목표를 세우는 거야.

작게 쪼개서 하루 목표 세우기

연간 목표는 1년 동안 이루고 싶은 큰 꿈을 말해. 반면에 하루 목표는 그 큰 꿈을 이루기 위한 오늘의 한 걸음이야. 예를 들어, '수학 점수 20점 올리기'는 하루 만에 이룰 수 있는 목표는 아니지만 연간 목표로는 딱 좋아.

그렇다면 수학 점수를 20점이나 올리기 위해 하루 목표는 어떻게 세워야 할까? 예를 들면, '오늘 배운 수학 교과서 복습하기', '수학 문제집 5장 풀기'처럼 쪼갤 수 있어. 하루 목표는

'지금 당장 실천할 수 있을 만큼 작고, 구체적으로' 세워야 해. 작은 목표를 차근차근 실천하다 보면, 결국엔 큰 목표에 도달하게 될 거야.

연간 목표	하루 목표
☐ 국어: 점수 20점 올리기	☐ 국어: 속담 10개 외우기
☐ 수학: 문제집 10권 끝내기	☐ 수학: 시험 틀린 문제 옮겨 적기
☐ 사회: 각 단원 핵심 개념 외우기	☐ 사회: 오늘 학교에서 배운 내용 노트 필기로 정리하기
☐ 과학: 한 학기 이상 관찰하고 탐구 일지 쓰기	☐ 과학: 식물 관찰 후 오늘 변화 기록하기
☐ 영어: 동화 50권 읽기	☐ 영어: 모르는 단어 20개 정리하기

작게 쪼개 꾸준히 공부하기 위해 필요한 스터디 플래너

꾸준히 공부하기 위해서는 작게 쪼갠 목표를 눈에 보이게 써두는 것이 좋아. 간단한 체크리스트를 만들어 두고 공부를 하며 하나씩 목표를 지워 나가는 거야. 그러면 목표를 달성했다는 뿌듯함도 느낄 수 있어.

습관 달력이나 해빗 트래커와 같이 습관을 만드는 데 도움이 되는 도구들을 사용해도 좋아. 그중에서도 스터디 플래너는 공부 습관을 만드는 데 정말 유용해. 하루 목표를 스터디 플래너에 꾸준히 적다 보면 내가 얼마나 공부했는지 한눈에 알 수 있고, 매일 공부하는 습관도 자연스럽게 만들어져.

참고로 해빗 트래커(habit tracker)는 말 그대로 '습관(habit)을 추적하는(tracker) 도구'야. 쉽게 말해서, 내가 만들고 싶은 습관을 꾸준히 잘 지켰는지 확인하고 기록하는 표라고 생각하면 돼. 공부 시작 전에 플래너 보기, 수학 문제 2쪽 풀기, 책 10쪽 읽기, 자기 전에 책상 정리 정돈 하기, 밤 10시 전에 잠자기 같은 체크리스트를 그날그날의 날짜에 기록하면 돼.

계획을 세워야 하는데, 뭘 어떻게 써야 할지 막막했던 적 있어? 그럴 땐 바로 플래너가 필요해! 내 하루, 일주일, 한 달을 똑똑하게 관리해 주는 나만의 공부 친구, 스터디 플래너를 소개할게.

먼슬리 플래너: 한 달을 한눈에

먼슬리 플래너는 한 달 전체의 흐름을 한눈에 볼 수 있는 플래너야. 쉽게 말하면 달력처럼 생겼어. 단원평가, 수행평가, 운동회처럼 중요한 일정을 표시해 두면 '이번 달에 어떤 중요한 일이 있었지?' 한눈에 보여서 계획 세우기가 쉬워져. 보통 학교에서 나눠주는 학교 달력에 메모하면서 써도 괜찮아. 하루를 한 칸에 적는 방식이라 공부 내용을 자세히 쓰긴 어렵지만, 중요한 일정 정리엔 딱 좋아.

'포스트잇 먼슬리 플래너 스터디메이트' 활용

위클리 플래너: 일주일을 계획하기

위클리 플래너는 일주일 동안의 계획을 요일별로 나눠서 쓰는 플래너야. 어떤 플래너는 일요일부터, 어떤 플래너는 월요일부터 한 주가 시작해. 위클리 플래너에는 월요일엔 수학 복습하기, 화요일엔 과학 개념 정리하기, 수요일엔 영어 단어 외우기처럼 일주일 동안 어떤 공부를 할지 요일별로 정리할 수 있어. 단원평가나 수행평가가 있는 주리면 과목별로 공부 계획을 쪼개서 대비하기에도 좋아. 한 주의 흐름을 미리 파악할 수 있어서, 주말 동안 다음 주에 할 일을 정리해 두면 새로운 한 주를 더 잘 시작할 수 있어.

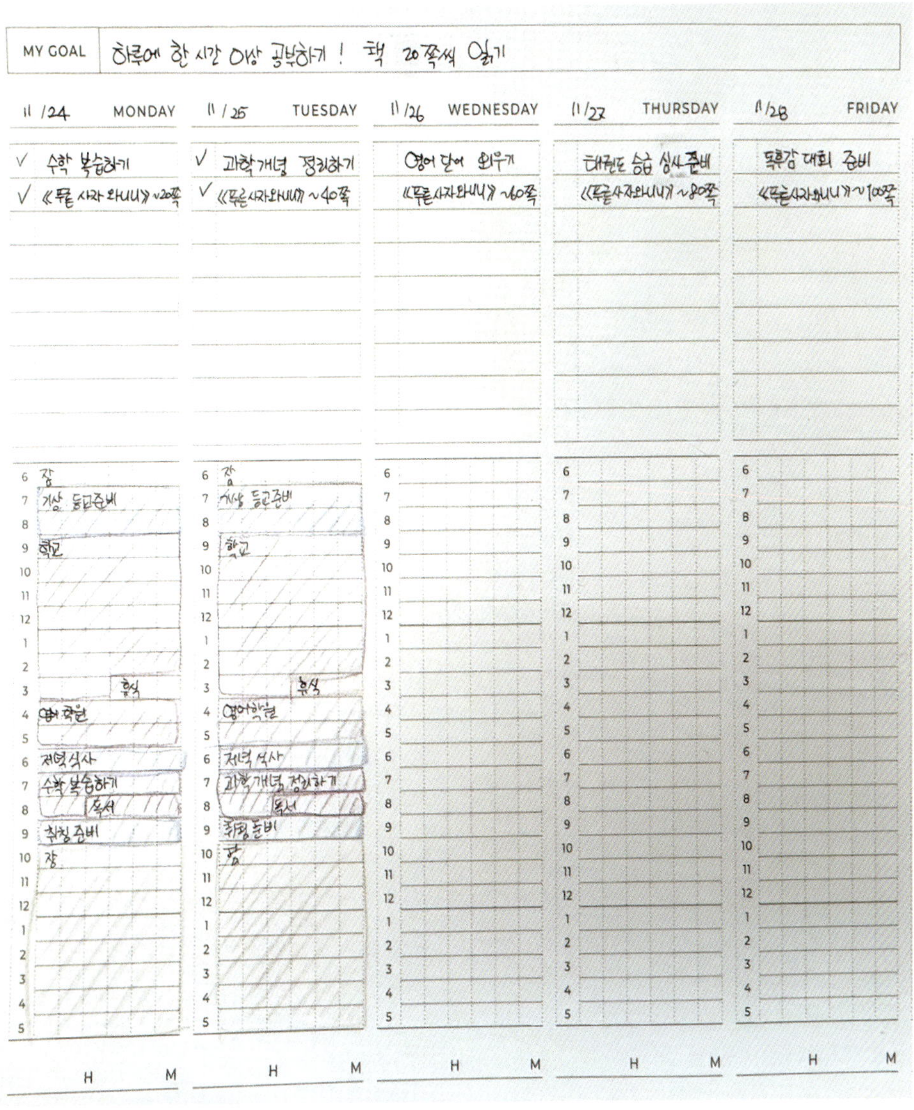

'페이퍼리안 타임 트래커' 활용

데일리 플래너: 매일매일 꼼꼼하게

데일리 플래너는 하루 동안 해야 할 일을 가장 작은 단위로 쪼개어 정리할 수 있어. 오늘 공부를 몇 시부터 몇 시까지 할지, 쉬는 시간은 언제로 할지 계획할 수 있지. 이렇게 시간 단위로 나눠 계획하면 집중할 땐 집중하고, 쉴 땐 쉬는 공부 리듬을 만들 수 있어. 또 하루가 끝난 뒤 데일리 플래너에 간단한 소감을 적어 두면, 내일 공부를 더 열심히 할 수 있는 힘이 되기도 해.

'모트모트 스터디플래너 데일리' 활용

나에게 맞는 플래너 고르기

먼슬리는 큰 일정, 위클리는 일주일 계획, 데일리는 하루 계획. 이렇게 각각 쓰임이 달라. 스터디 플래너마다 구성은 조금씩 다르지만, 보통은 먼슬리 플래너에 위클리나 데일리 플래너가 함께 들어 있어. 플래너를 처음 쓰는 거라 뭘 어떻게 시작해야 할지 모르겠다면, 먼저 먼슬리 플래너와 위클리 플래너부터 써 봐. 그러다 계획을 세우고 지키는 게 익숙해지면, 시간을 더 잘게 나눠 쓸 수 있는 데일리 플래너로 넘어가면 돼. 데일리 플래너까지 익숙해진다면 너에게 정말 든든한 공부 친구가 생긴 거야. 플래너는 알록달록 예쁘게 꾸미는 게 목적이 아니라, 내 시간을 스스로 관리하는 중요한 학습 도구라는 걸 꼭 기억해.

"하루의 계획은 새벽에, 일년의 계획은 봄에, 일생의 계획은 어린 시절에 달렸다! 어떤 일이든 시작할 때 꼼꼼하게 계획을 하면 일의 결과가 달라진다는 사실, 기억해 두자!"

1단계: 이번 달 주요 행사나 일정 파악하기

수행평가, 자격증 시험, 생일이나 명절 같은 가족 행사, 대회나 학원 일정 등 한 달 내에 일어날 중요한 일정을 플래너에 먼저 적어 둬. 그래야 공부 계획을 세울 때 무리 없이 일정을 조정할 수 있어.

'인디고 본스터 스터디 플래너' 활용

2단계: 한 달 목표 세우기

먼슬리 플래너의 핵심은 이번 달 목표를 구체적으로 정하는 거야. 예를 들어 '수학 성적 올리기'처럼 추상적인 목표보단, '수학 교재 4~6단원 풀기'처럼 범위가 명확한 목표가 더 좋아. 중요한 시험이나 대회가 있다면, 남은 기간을 먼저 확인하고 일정 안에 무엇을 얼마나 끝낼지 큰 그림을 그려 봐.

계획을 세울 때는 일주일에 하루 정도는 비워 두고 공부 양을 정하는 게 좋아. 공부하다 보면 예상 못 한 일로 계획이 밀릴 때도 있는데, 공부 양이 너무 많거나 자꾸 계획을 못 지키면 오히려 의욕이 떨어질 수 있어. 하루 정도 여유를 두면 그날을 보충일로 활용해서 미뤄진 공부를 마무리할 수 있어. 또, 목표 칸에 나를 자극하는 짧은 문장을 적어 두면 계획이 잘 안 지켜지는 날에도 마음을 다잡을 수 있어.

3단계: 한 달 실천 후 피드백하기

먼슬리 플래너의 빈칸이나 포스트잇을 활용해서 이번 달 계획을 얼마나 잘 실천했는지 점검해 봐. 계획대로 했다면 ◎, 절반 이상 했다면 ○, 거의 못 했다면 △처럼 나만의 기호를 정해서 표시해도 좋아. 잘 지킨 계획은 어떻게 더 발전시킬 수 있을지 생각해 보고, 못 지킨 계획은 왜 그런지 원인을 찾아서 다음 계획에 반영해 보는 게 좋아.

먼슬리 플래너에서 세운 한 달 목표를 바탕으로 위클리 플래너나 데일리 플래너에 실천 계획을 세워 실행해 나가면, 훨씬 더 체계적으로 내 목표에 다가설 수 있어.

위클리 플래너는 일주일 동안 내가 해야 할 일이나 공부할 것을 떠올려보고 요일별로 차근차근 계획한 공부를 할 수 있게 도와줘. 무작정 떠오르는 대로 할 일을 적는 것보다 주어진 시간에 맞게 일주일을 계획하는 효과적인 방법을 알아보자!

1단계: 내가 사용할 수 있는 시간 알아보기

플래너를 쓸 때 가장 흔한 실수는 잘해보겠다는 마음에 할 일을 너무 많이 적는 거야. 하지만 중요한 건 내가 감당할 수 있는 만큼만 계획을 세우는 거야. 너무 무리하게 계획을 세우면, 나중엔 플래너를 보기만 해도 속상해지고 결국 포기하게 될 수도 있어.

그래서 플래너에 할 일을 적기 전에 먼저 내가 실제로 사용할 수 있는 시간, 즉 '가용 시간'을 확인해야 해. 일주일 동안 내가 어떤 일에 시간을 쓰는지, 그리고 그중에서 스스로 계획해서 쓸 수 있는 시간이 얼마나 되는지를 먼저 파악해 봐.

먼저 고정된 시간을 체크해. 학교, 학원, 밥 먹는 시간, 잠자는 시간처럼 매일 정해져 있는 시간들을 색칠해 봐. 그리고 중간중간 비어 있는 시간을 찾아 봐. 그게 바로 내가 주도적으로 쓸 수 있는 시간이야. 요일별로, 또는 하루에 몇 시간쯤 되는지 체크해 보면 위클리 플래너를 훨씬 더 알차게 쓸 수 있어. 아래 예시에서 노란색 칸이 바로 가용 시간이야!

	월	화	수	목	금	토	일
9~10시	학교	학교	학교	학교	학교	늦잠	늦잠
10~11시	학교	학교	학교	학교	학교	게임	운동
11~12시	학교	학교	학교	학교	학교		
'중간생략'							
19~20시		학원		약속	학원		
20~21시							가족회의
가용시간	2시간	1시간	3시간	1시간	1시간	5시간	4시간

• 위클리 플래너 예시 1

THE 3RD WEEK

	⑤ MONDAY		⑥ TUESDAY		⑦ WEDNESDAY
					✿ 수익 제출하는 날
△	수학익힘 복습	○	사회 노트 필기 완성	○	독서감상문 제출
○	책 10~13p	△	사회 문제집 13p	○	수세 글쓰기
○	국어교과서 숙제	○	책 14~20p	○	수학 문제집 33p
△	친구 생일선물 사기	○	독서 감상문	△	↳ 채점/오답정리
○	영단어 Day2 암기	○	미술 수행평가 준비	○	준비물 사기
				△	영단어 Day2 복습

	⑧ THURSDAY		⑨ FRIDAY		⑩ SATURDAY		⑪ SUNDAY
			✿ 미술 감상 수행평가				꾸준함이 답이다!!
○	모둠 발표 연습	○	사회 노트 필기 복습	△	실과 숙제	△	영단어 day3 암기
△	발표 자료 계획	○	책 26~27p	○	친구 생일 파티 참석	○	과학노트 필기 복습
○	과학 노트 필기 완성	○	수학 노트 필기 완성	△	← 발표자료 만들기 ─○→		
○	책 21~25p	○	수학 문제집 34p	○	국어 속담 복습	○	조별과제 (3시)
						△	책 28~30p

'아이코닉 두들 스터디 플래너' 활용

• 위클리 플래너 예시 2

■ THIS MONTH 1 2 3 4 5 6 7 8 9 10 11 12

MONDAY	TUESDAY	WEDNESDAY	THURSDAY	FRIDAY	SATURDAY	SUNDAY
7	8	9	10	11	12	13
☑ 식물 단원 노트 필기	☑ 발음연습 test	☑ 음악 수행평가 연습	☐ 영단어 복습	☑ 모둠 과제 토의	☑ 월~수 못한 것	☑ 목~금 못한 것
☑ 영단어 10개	☑ 수학 오답 노트	☐ 과학 문제집 3쪽	☑ 영단어 10개	☑ 독서감상문	☑ 독서 (20~30p)	☐ 독서 (31~40p)
☑ 사회 문제집 3쪽	☑ 체육 준비물 사기	☑ 독서노트 2개	☑ 과학 총복습	☐ 과학 시사노트	☑ 친구 만나기	☑ 준비물 챙기기
☐ 국어 2단원 정리	☑ 사회 3단원 복습	☐ 사회 노트 복습	☑ 한국사 모의시험	☑ 수학 학습지 3장		☑ 한국사 인강
☑ 책 줄거리 요약	☑ ↳ 노트 필기 완성		☐ ↳ 오답정리			

'모닝글로리 위클리플래너' 활용

2단계: 주간 계획을 세우기

가용 시간을 확인했다면, 이제 어떤 일을 할지 떠올려서 요일별로 배치해 보는 거야. 위클리 플래너는 주말이나 월요일에 작성하는 게 좋아. 다가오는 일주일의 중요한 일정이나 공부 목표를 한눈에 파악할 수 있고, 한 주를 준비하는 시간도 되거든.

가장 먼저 해야 할 일은 꼭 해야 하는 일부터 채우는 거야. 숙제, 시험 공부, 독서처럼 안 하면 곤란한 일들을 먼저 적어. 100% 잘 해냈을 때는 ◎, 80% 정도 달성했다면 ○, 조금 더 해야 한다면 △ 등으로 표시할 수 있어. 하루에 여러 개를 넣기보다는, 하루에 하나씩 실천한다는 마음으로 계획하면 실패 확률이 줄어.

그리고 할 일은 작고 구체적으로 적는 게 좋아. 예를 들어 '독서하기'보다는 '책 20~30쪽 읽기'처럼 계획 앞에 ○, □ 같은 글머리 기호를 붙이거나, 체크 표시할 수 있는 칸이 있는 위클리 플래너를 활용하면 더 편해.

3단계: 실천하고 체크하기

계획한 공부나 활동을 했다면, 글머리 기호에 동그라미를 치거나 체크 표시를 해 봐. 형광펜으로 밑줄을 긋는 것도 좋아.

물론 계획대로 다 못할 수도 있어. 갑자기 약속이 생기거나 컨디션이 안 좋을 수도 있으니까. 그럴 땐 포기하지 말고, 못한 부분은 다음 주 계획에 넣어서 마무리하면 돼. 중요한 건 끝까지 해 내는 거야!

하루의 지도, 데일리 플래너를 사용하자

데일리 플래너는 할 일을 잊지 않고 시간을 잘 쓰게 도와주는 하루의 지도야.
오늘 해야 할 일을 꼼꼼히 계획하면서 시간 낭비 없이 집중하는 습관을 만드는 데 큰 도움이 되지. 그럼 데일리 플래너를 어떻게 사용하는지 알아보자!

1단계: 할 일을 떠올리기

데일리 플래너는 잠자기 전이나 아침에 작성해. 자기 전에 미리 쓰면 다음 날 해야 할 일을 미리 그려볼 수 있고, 아침에 헤매지 않고 바로 시작할 수 있다는 장점이 있어. 반대로 아침에 작성하면, 새로운 마음으로 하루를 시작할 수 있어서 좋아. 그날 목표와 할 일을 정리하면 하루를 알차게 보내는 데 필요한 에너지도 생겨. 특히 아침에 쓰면 내 컨디션이나 바뀐 일정까지 반영할 수 있다는 장점도 있지.

하지만 진짜 중요한 건 플래너를 언제 쓰든 꾸준히 작성하는 습관을 들이는 거야.

2단계: 우선순위 정하기

하루에 해야 할 일이 많다면, 가장 중요한 일부터 먼저 해야겠지? 플래너에 적은 일들에 ① ② ③처럼 번호를 매겨서 표시해 봐. 그러면 어떤 일을 먼저 하고, 그다음엔 뭘 해야 할지 바로 알 수 있어. 우선순위를 정할 땐 아래 기준들을 참고해 봐!

① 꼭 해야 하는 일	오늘 안에 반드시 해야 하는 일	·내일 제출해야 하는 숙제 ·오늘 시험 보는 단어 외우기
② 하면 좋은 일	시간 여유가 된다면 하고 싶은 일	·좋아하는 책 읽기 ·지난 달 배운 내용 복습하기
③ 하고 싶은 일	주말 등 여유 시간에 할 수 있는 일	·게임하기 ·친구 만나기

3단계: 시간 목표 정하기

데일리 플래너를 쓰다 보면, 할 일이 많아 막막하거나 ①, ②처럼 우선순위가 높은 일에 시간을 너무 많이 써서 나머지 계획을 못 지키는 경우가 생기기도 해. 이런 걸 막기 위해선 각 할 일마다 시간 목표를 정해두는 게 좋아. 예를 들어, '이 공부는 30분 안에 끝낸다!'처럼 시간 제한을 걸면 더 집중할 수 있어. 또는 공부 시간 자체를 목표로 세우는 방법도 있어. '오늘 순공시간(순수하게 공부한 시간) 3시간 채우기', '수학 문제집 3쪽 30분 동안 풀기'처럼 시간 단위 목표를 정해서 플래너에 체크해 보면 공부 의지도 올라가고 계획한 일도 더 잘 해낼 수 있어.

<table>
<tr><td colspan="5">2 0 △△　월 4 일 23 요일</td></tr>
<tr><td colspan="5">🚩 오늘의 다짐</td></tr>
<tr><td colspan="5">공부할 때 핸드폰 보지 않기!</td></tr>
</table>

언제 할까?	오늘 할 일	순서	확인
점심 전까지	사회 노트 필기 완성 (123P)	1	❤️
1~2시	영단어 20개 외우기	2	❤️
수영가는 차 안에서	책 10~13P 읽기	3	❤️
저녁먹고 8시까지	과학 수행평가 준비 (1단원)	5	♡
밤에 아빠랑	실과 분리배출 인증	6	❤️
6~7시	수학 노트 필기 복습	4	❤️
			♡
			♡
			♡
			♡

🎁 나에게 주는 선물　토요일에 열심히 하면 일요일에 게임 1시간!

✏️ 돌아보기

핸드폰을 많이 안 보려고 했는데 노래 찾느라 좀 많이 본 것 같다. 내일은 공부할 때 들을 노래를 미리 생각해놔야겠다!

'초등 노트 일정관리 스스로 지킴이' 활용

4단계: 나만의 흥미 포인트 작성하기

플래너를 쓰다 보면 매일 해야 할 일만 잔뜩 있는 것 같고, 괜히 하기 싫다는 생각이 들 때도 있어. 플래너 작성 자체가 귀찮게 느껴질 수도 있고. 그럴 땐 나만의 흥미 포인트를 플래너에 넣어 보는 걸 추천해. 에를 들면, 오늘 공부 시작할 때 들은 노래를 한 곡 적어 본다거나, 공부 명언 한 줄을 필사히거나, 나에게 전하는 응원의 한마디를 써 보는 거야.

'그냥 한 줄 적는 건데 뭐가 달라질까?' 싶겠지만, 이 작은 기록이 하루를 조금 더 설레고 의욕적으로 시작할 수 있게 해 줄 거야. 너 자신에게 보내는 작은 응원이 되는 셈이지.

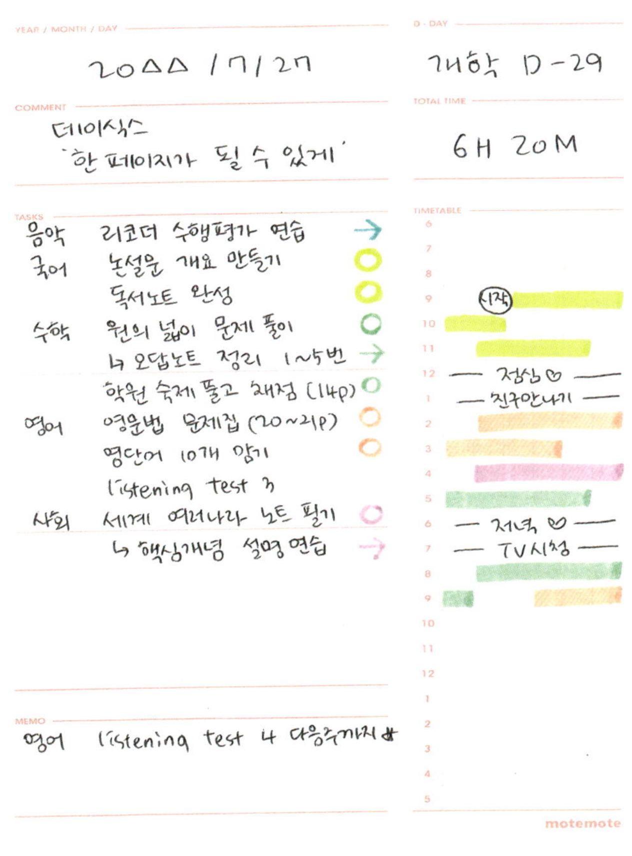

'모트모트 텐미닛 플래너'
활용

MBTI별 공부 스타일

주_ 선생님들! MBTI별 공부 스타일이 있다는 말, 들어 보셨어요? 저는 ENTJ인데요! 계획을 세워서, 그걸 하나씩 미션처럼 해결해 나가는 데 뿌듯함을 느끼는 스타일이에요. 무슨 일이 있어도 감정에 휩쓸리지 않고, '해야 할 일은 반드시 해낸다!' 이런 마음으로 공부하는 편이었어요.
선생님들의 MBTI는 무엇인가요?

좌_ 저는 ENTP예요. ENTP는 문제를 새로운 방법으로 해결하는 걸 좋아하는 스타일이라고 하더라고요. 예를 들어, 수학 문제를 딱 한 가지 방법으로만 푸는 건 도저히 못 참겠더라고요. 꼭 다른 방법도 찾아보고, '이렇게도 되네?' 하면서 풀어보는 게 더 재미있었어요.

휘_ 저는 스터디 플래너 없으면 불안해서 공부를 못 하는 ISFJ예요. 제가 제일 자주 썼던 공부 방법은 교과서, 노트, 교재 가리지 않고 뭐든 열심히 필기하는 거였어요!

윤_ MBTI를 공부와 연결 지어 생각해 본 적이 없는데, 지금 되돌아보면 승협쌤처럼 새롭게 시도하는 것을 좋아해서 새로운 공부 방법을 이것저것 시도해 보았던 것 같아요.

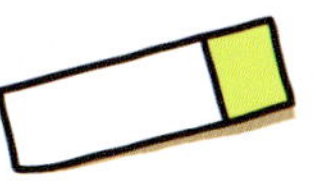

MBTI별 좋아하는 과목

주_ 선생님은 그럼 좋아하는 과목도 MBTI랑 관련이 있는 편이신가요? 전 완전 외향적인 사람이라 체육이나 음악처럼 다른 사람들 앞에서 저를 뽐내는 과목이 좋더라고요.

윤_ 저는 상상력이 넘치는 N! 머릿속의 상상을 그림으로 풀어내는 걸 좋아해요. 그래서 미술이 가장 좋아요.

좌_ 저도 같은 N인데, 상상하는 걸 좋아할 뿐 상상한 내용을 표현하는 건 어렵더라고요. 수학 문제를 풀 때 "이렇게 바꾸면 재미있지 않을까?" 하는 생각을 할 수 있어서 수학을 제일 열심히 공부했던 것 같아요!

주_ 저도 같은 N인데 상상은 잘하지만 그림으로 표현하는 데는 소질이 없더라고요. 승협쌤처럼 수학 풀이 방법을 이것저것 생각하는 건 저도 즐거웠던 것 같아요. 한 가지 문제를 깔끔하게 여러 방법으로 정리해서 풀이 과정을 쓸 때의 쾌감이란!

휘_ 저는 혼자서 무언가에 빠져들어 읽고, 저만의 방법으로 정리하는 걸 좋아했어요. 제일 좋아하고 열심히 공부한 과목도 국어였는데, I와 J 성향이 영향을 주지 않았나 싶어요.

윤_ 저는 수학 공부를 할 때 교과서에 중요한 개념들과 생각들을 꼼꼼하게 정리했어요. 교과서와 참고서에 정리된 내용이 아까워 수학 노트를 잘 쓰지 못했는데요, 수학 개념 노트로 옮겼으면 더 좋았을 텐데 지금 생각하니 아쉽네요.

주_ 이번에는 못 하는 과목 이야기해 볼까요? 좀 부진한 과목들을 극복하기 위해서 어떻게 공부하셨어요?

좌_ 저는 국어 문제를 풀 때 지문을 한 번 읽고 문제를 풀 때 지문 내용이 잘 기억나지 않아 다시 지문으로 돌아가 읽고 돌아오는 걸 반복했어요. 이렇게 하다 보니 시간이 오래 걸리고 문제를 틀리더라고요. 그래서 지문을 읽을 때 중요한 부분은 밑줄과 동그라미로 표시하고, 각 문단마다 중심 내용을 한 문장으로 정리하려고 꾸준히 노력했어요.

휘_ 저는 승협쌤과 다르게 수학을 너무 어려워했는데요, 그냥 문제를 열심히 풀었어요. 대신 문제 풀이 공책을 만들어서 공책에 문제를 풀고, 교재에는 채점만 했어요. 한 번 틀렸거나 모르겠는 문제는 빗금(/) 표시를 하고, 문제집을 또 풀어보는 거예요. 두 번째로 풀 때는 틀렸던 문제만 풀고, 또 틀리면 별(☆) 표시를 했어요. 이렇게 기호를 바꿔가면서 틀린 문제만 풀다 보면 언젠가 교재 한 권을 정복할 수 있게 되더라고요.

주_ 소름! 휘경쌤 저랑 정말 똑같은 방법으로 공부하셨네요! 교재는 깔끔하게 딱 채점만 하고, 몇 회독(3회독이면 세 번을 읽는다는 뜻) 하다 보면 나중에 틀린 문제 위주로 복습할 때도 좋더라고요. 전 이과형 사람(?)이라서 그런지⋯ 영어가 정말 쥐약이었는데요! 영어 수업 시간에 나오는 핵심 표현이랑 단어만 모은 '영어 엑기스 노트'를 만들어서 들고 다니면서 공부했어요. 너무 크면 잘 안 보게 되어서 손바닥 크기의 노트에 적어서요!

윤_ 초등학교 때부터 고등학교 졸업할 때까지 저의 발목을 잡고 놓아 주지 않았던 수학이 정말 힘들었어요! 저는 수학 오답 노트를 꼭 썼어요. 틀린 문제를 또 틀리는 일이 너무 잦았기 때문에 수학 오답 노트를 만들 때도 일부러 노트 한 쪽에 한 문제만 쓰거나 붙였어요. 왜냐하면 그다음에 비슷한 문제를 또 틀리면 같은 페이지에 오답 노트를 쓰기 위해서요. 그리고 저는 과학 용어가 잘 외워지지 않아서, 작은 수첩에 핵심 개념만 따로 써서 여러 번 보기도 했어요.

좌_ 윤희쌤 이야기를 들어보니, 노트를 활용한 방법이 큰 도움이 됐네요.

주_ 아무래도 노트는 내 손으로 직접 정리한 결과물이니까 쓰면서 외우고 보면서 한 번 더 외울 수 있어 좋아요.

공부할 때 유용한 채널

휘_ 다들 어려워하는 과목이 달랐다는 게 신기해요. 혹시 공부할 때 듣는 노래나 챙겨보는 유튜브 채널이 있으실까요? 저는 백색소음이 있는 곳에서 공부가 잘돼서 빗소리나 카페 소리 같은 ASMR을 주로 틀어 놓거든요!

좌_ 저는 공부할 때 음악을 들었는데요. 저만의 규칙 중 하나가 '수학 오답 노트 만들 때만 음악 듣기'였습니다. 틀린 문제를 다시 풀고 정리하는 게 너무 힘들어서, 고달픈 제 마음을 위로하기 위해 오답 노트를 만들 때만 음악을 들었어요.

휘_ 마음을 위로하기 위해 노래를 들으셨다니 T지만 감성이 풍부하신걸요!

 윤_ 앗. 아마 지금 친구들이 듣는 노래랑은 거리가 있겠죠? (웃음) 제가 학생이었을 때는 집중에 도움이 된다는 백색소음이 유행이었어요. '엠씨스퀘어'라고, 이 책을 보는 친구들은 모를 것 같아요.

 주_ 엠씨스퀘어! 추억의 단어네요. 요즘으로 치면 ASMR 같은 거잖아요. 예전이나 지금이나 집중하려고 불 피우는 소리 같은 걸 많이 들었어요. 비 오는 소리, 불 피우는 소리, 나뭇잎 떨어지는 소리 같은 걸 모아 놓은 앱을 다운로드해서 들었죠. 지금은 유튜브에서 '백색소음 모아 듣기' 같은 채널을 많이 구독해 두었어요.

 윤_ 지금은 유튜브나 멜론 같은 플랫폼이 있어서 다양한 음악을 들을 수 있지만, 우리가 학생이었을 때는 음악을 구입해 MP3에 넣어서 들었잖아요. 그래서 같은 음악을 계속 들어야 했고, 공부할 땐 가사가 있는 노래는 피했어요. 계속 듣다 보면 가사가 외워져서 집중이 흐트러지더라고요.

 주_ 맞아요. 저도 음악을 들으면 가사에 자꾸 집중하게 되어서 오히려 공부가 잘 안되더라고요.

 좌_ 저는 가사가 있는 노래를 들으면서 혼자 분위기에 취해, 오답노트에 붙일 수학 문제를 잘랐어요. 그렇게라도 하지 않으면 문제를 틀렸다는 사실이 견딜 수 없이 힘들었어요.

 윤_ 그런데 음악을 들으면서 공부하면 장점도 있더라고요. 음악에는 재생 시간이 있어서, 시계를 보지 않아도 내가 얼마나 공부했는지 대략 가늠할 수 있어요.

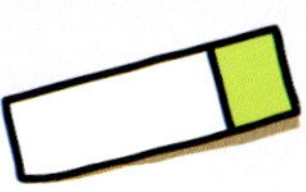

주_ 맞아요. 저는 3분 정도 되는 음악을 들으면서 '이 노래 끝나기 전까지 이 수학 문제 다 풀자!' 이런 마음으로 공부하면 집중력이 훨씬 높아지더라고요. 수학은 한글보다는 숫자가 메인이니까 음악을 들으면서 해도 괜찮았던 기억이 있어요.

좌_ 너무 좋은 방법인데요? 요즘 학생들은 공부하는 유튜브를 보면서 같이 공부하더라고요.

윤_ '스터미 윗 미(Study with me)'라고 저도 들어봤어요.

좌_ 경쟁 상대나 함께 공부하는 누군가가 옆에 있으면 도움이 될 때가 있어요. 독서실이나 도서관에 가서 공부하면 주변 사람들이 공부하고 있어서 자연스럽게 집중하게 되더라고요.

휘_ 저도 너무 신기했어요. 같이 공부하는 동지가 생긴 기분일까요? 저는 혼자 공부하는 걸 선호해서 조금 어색할 것 같아요. 역시 I와 E 성향의 차이일까요?

주_ 저는 E이긴 하지만, 공부할 때만큼은 옆에 누가 있으면 괜히 의식돼서 스스로를 경쟁 상대로 두고 다른 사람은 신경 쓰지 않으려 노력했어요. '스터디 윗 미'를 켜 놓고 공부하면, 자꾸 '저 사람은 얼마나 문제를 풀었을까?' 생각이 나서 오히려 방해가 되더라고요. 그래서 E이지만 공부는 혼자 하는 편이에요.

공부가 잘되는 장소

윤_ 그럼, 학생일 때 공부가 제일 잘된 장소는 어디였어요?

주_ 저는 혼자 공부할 수 있는 탁 트인 도서관 책상이 좋았어요. 막혀 있으면 답답하고, 창밖 하늘색이 변하는 걸 보면서 얼마나 공부했는지, 얼마나 집중했는지 알 수 있거든요. 열심히 공부하다가 고개를 들었을 때 해가 뉘엿뉘엿 지고 있는 걸 보는 순간의 짜릿함이란!

좌_ 저는 좀 달라요. 학교 자습실과 독서실을 가장 선호했어요. 특히 칸막이로 좌우가 가려져 있는 곳이 집중이 잘됐어요.

윤_ 저는 오히려 학교 자습실에서는 공부가 잘 안됐어요. 앞, 뒤, 옆에 친한 친구들이 잔뜩 있으니, 공부보다는 장난치고 싶은 마음이 들더라고요.

좌_ 저는 옆에 친한 친구가 있으면, 제가 실수로 작은 소리를 내도 이해해 줄 것 같아서 마음이 편했어요. 졸리면 깨워 달라고 부탁도 하고요.

휘_ 저는 집에서 공부가 가장 잘되었어요. 특히 가족들이 다들 잠자는 밤 시간! 나 혼자 깨어 공부하는 느낌이 좋더라고요.

주_ 휘경쌤은 아침 또는 낮보다 밤과 새벽에 집중이 잘됐군요. 저랑 비슷하네요.

좌_ 어떤 방법을 선택해도 좋지만, 우리 학생들에게 중요한 건 '어떤 방법이 나에게 가장 잘 맞는지'를 찾는 일 같아요.

윤_ 맞아요. 어떤 방법이든 다양하게 시도해 보고, 자기가 제일 집중하기 좋은 방법을 찾는 게 좋을 것 같아요!

2장

노트 필기를
하면
머릿속이 정리돼!

노트 필기 전략

노트 필기의 중요성

수업 시간에 들은 내용을 금방 잊어버린 적, 있지 않아? 분명 공부한 내용인데, 시험 볼 때 기억이 나지 않아서 틀린 적은? 열심히 공부했는데도 시험 결과가 좋지 않으면 실망하게 되지. 그렇다면, 무언가를 오래 기억하기 위해선 어떤 방법을 써야 할까?

손으로 쓰면 머리에 남는다!

우리가 공부한 내용을 오래 기억하기 위한 가장 좋은 방법은 '노트 필기'야. 중요한 일정이나 준비물을 잊지 않기 위해 달력이나 알림장에 적는 것처럼, 기록은 기억을 돕는 중요한 도구야. 노트 필기는 단순히 적는 것이 아니라, 기억해야 할 내용을 머릿속에 저장하는 효과적인 방법이기도 해.

교육 심리학자 존 듀이(John Dewey)는 "우리는 경험한 것을 반성(reflection)할 때 진짜 배운다."고 했어. 여기서 '반성'은 들은 것과 본 것을 다시 떠올리고 정리하는 것을 말해. 이 과정을 도와주는 것이 바로 노트 필기야. 손으로 쓰는 활동은 뇌의 기억 영역을 자극하기 때문에, 오래 기억되고 필요할 때 쉽게 떠올릴 수 있어. 아직 노트 필기를 어떻게 해야 할지 잘 모르겠다면 걱정하지 마. 지금부터 천천히 습관을 들이면 중학교나 고등학교에 가서도 공부를 잘할 수 있는 힘이 생길 거야. 오늘 배운 내용부터 짧게라도 정리해 보는 건 어떨까?

'직접 쓴 내용'을 더 잘 기억하는 우리의 뇌?

우리의 뇌는 단순히 읽기만 한 정보보다 손으로 직접 쓴 정보를 더 오래 기억해. 여러 연구자들에 따르면, 손을 움직이며 쓰는 행동은 우리 뇌에 '이건 정말 중요한 정보야! 꼭 기억해야 해'라는 신호를 보낸다고 해. 많은 전문가는 중요한 내용을 기억할 때 여러 가지 방법을 사용해. 예를 들어, 내가 방금 읽은 책의 내용을 읽기만 할 때와 읽으면서 손으로 내용을 정리할 때, 어떤 방법이 내 머리에 더 잘 기억에 남을까 생각해 보면 쉽게 알 수 있을 거야.

단순히 내용을 옮겨 적는 것은 노트 필기가 아니다?

단순히 내용을 옮겨 적기만 하면 노트 필기가 될까? 교과서에 있는 내용을 그대로 옮겨 적는 것은 좋은 방법이 아니야. 중요한 내용을 뽑아서 나만의 방법(글, 그림, 표, 씽킹맵 등)으로 정리할 때 우리의 뇌는 활성화돼. 이걸 뇌과학에서는 '의미 있는 부호화(semantic encoding)'라고 불러. 현대 학습 이론에 따르면, 단순히 정보를 읽거나 듣는 수동적인 방법보다 직접 정보를 재구성하는 과정이 훨씬 효과적이라고 말해. 이렇게 나만의 언어로 구성하기 위한 몇 가지 방법을 알려 줄게.

첫째, 학습한 내용 중 중요한 걸 찾아 노트에 정리한다.

둘째, 그림이나 표, 씽킹맵, 다양한 색의 필기도구를 활용한다.

셋째, 이 과정을 수없이 반복한다.

노트는 여러 번 봐야 해

노트는 한 번 쓸 때 예쁘게 쓰고 덮어 두는 게 아니야. 한 번 쓴 내용을 다시 보고, 내용을 계속해서 추가해야 해. 처음 필기한 걸 보면 '무슨 내용인지 잘 모르겠네?', '기억이 잘 안 나네?' 생각할 수 있어. 하지만 노트 필기한 다음 날 다시 한 번 내용을 읽고, 부족한 내용을 추가하는 과정을 꾸준히 반복하면 내용을 오래 기억할 수 있어. 독일의 심리학자 헤르만 에빙하우스(Hermann Ebbinghaus)는 우리가 24시간 내에 공부한 내용을 50~70% 이상 잊어버린다고 말했어. 오늘 쓴 노트는 반드시 내일 다시 읽고, 보충할 내용을 찾아 필기해야 해. 복습이 얼마나 중요한지 알겠지? 스스로 정리한 내용을 반복해서 보는 학생이 훨씬 좋은 성적을 받을 수 있다는 사실, 잊지 마!

• 에빙하우스 망각곡선

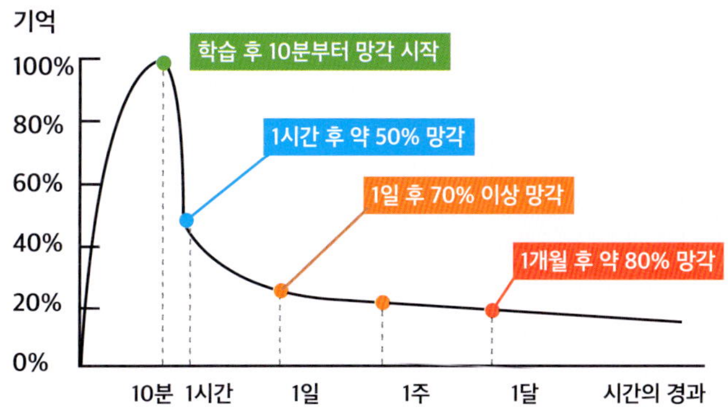

수업 중에 노트 필기는 어떻게 해야 할까? 가장 중요한 건 수업을 집중해서 듣고, 수업 후 복습할 때 내 노트에 정리하는 거야. 수업 중에는 교과서나 여백에 핵심만 간단히 메모만 하고, 선생님 말씀에 집중하는 게 좋아. 그 메모를 바탕으로 수업이 끝난 뒤 나만의 노트를 만드는 거지. 제일 중요한 건 수업에 집중하는 일이란 사실, 잊지 마!

TALO 전략이란?

'수업에 집중하라'는 말, 한 번쯤 들어본 적 있지? 그런데 도대체 어떻게 집중하라는 걸까? 단순히 조용히 앉아 선생님을 쳐다보는 것이 집중은 아니야. 진짜 집중은 '무엇을 어떻게 해야 하는지'를 알고 실천하는 거야.

여기 'TALO 전략'이라는 게 있어. TALO는 Think(생각하기), Attend(귀 기울이기), Look(눈으로 보기), Organize(정리하기)의 앞 글자를 딴 말로, 수업 시간에 집중하기 위한 네 가지 핵심 방법을 말해.

- **T-Think(생각하기)**

  수업을 듣기 전에 오늘 배울 내용이 무엇인지 미리 떠올려 봐. 그리고 전에 배웠던 내용과 어떤 연관이 있을지도 생각해 보는 거야. '오늘 무엇을 배울지'를 확인하지 않은 채 수업에 참여하면 수업 흐름을 놓치기 쉬워. 만약 이전의 학습 내용과 오늘 배울 내용을 연결해서 듣게 되면, 자연스럽게 흐름을 이해하게 되고, '무엇이 중요한지', '무엇을 기억해야 하는지'가 더 잘 보이게 돼.

- **A-Attend(귀 기울이기)**

  선생님이 강조하는 말이나 반복해서 하시는 말은 꼭 귀 기울여 들어야 해. 선생님의 말씀 하나하나가 모두 중요한 정보야. 단순히 듣고 흘리는 게 아니라, 양쪽 귀로 집중해서 듣고 머릿속에 저장하는 연습을 계속해야 해. 한 귀로 듣고 한 귀로 흘려보내지 말고, 집중해서 들어야 진짜 중요한 내용을 놓치지 않을 수 있어.

예를 들어, 선생님의 설명 중 기억에 남는 내용을 머릿속에 그림처럼 그리거나, 씽킹맵처럼 시각적으로 정리하는 연습을 하면 좋아. 이러한 훈련을 꾸준히 반복하면 이해와 기억이 훨씬 더 향상돼.

- **L-Look(눈으로 보기)**

  선생님의 판서, 화면 자료, 그림, 표 같은 시각 자료는 눈으로 잘 따라가며 보는 것이 중요해. 단순히 보는 데 그치지 않고, 선생님이 어떤 부분을 왜 중요하게 생각하시는지를 함께 생각하면서 보는 게 좋아. 예를 들어, 선생님이 밑줄을 긋거나 별표 표시한 내용은 눈으로 직접 따라가며 읽고, 그 의미를 머릿속에 정리하는 연습을 해 봐. 단어 하나, 문장 하나도 그냥 지나치지 않고 집중해서 보는 습관이 필요해.

- **O-Organize(정리하기)**

  눈으로 보고, 귀로 듣고, 머리로 생각한 내용을 간단하게 정리하는 것이 바로 '정리하기' 단계야. 수업 시간에 꼼꼼하게 필기하려고 하다 보면 오히려 수업에 집중하지 못할 수 있어. 그래서 수업 중에는 간단한 메모만 남기고, 수업이 끝난 뒤에 본격적으로 정리하는 게 좋아. 선생님이 강조한 내용, 중요한 개념은 기호, 도표, 밑줄, 형광펜 등을 활용해서 교과서나 학습지에 표시해 두면 나중에 복습할 때 훨씬 효과적이야.

정리란 '적는 것'이 아니라, '이해한 내용을 다시 구성하는 일'이라는 사실을 기억하자.

수업에 집중할 때 활용할 수 있는 팁

수업 중	노트 필기를 어떻게 해야 할까?
선생님이 "이건 중요해요!"라고 말씀하실 때	→ 교과서나 노트 한쪽에 별표(★)를 표시하고, 그 옆에 핵심 내용을 간단히 정리하기
이해가 잘 안 되는 내용이 나왔을 때	→ 물음표(?)를 표시한 뒤, 수업이 끝난 뒤 질문하거나, 노트 정리할 때 따로 찾아보기
이미 배운 내용과 연결되는 부분이 나왔을 때	→ 기호(✓)를 활용해서 표시하고, 연결되는 쪽수나 단원명을 함께 적어 복습하기
중요한 내용이 나왔을 때	→ 형광펜 또는 색볼펜을 활용해 눈에 잘 띄게 표시하기

2 모둠별로 물의 온도에 따라 붕산이 용해되는 양을 비교할 수 있는 실험을 설계해 봅시다.

① 같게 해야 할 조건과 다르게 해야 할 조건을 정해 봅시다.

② 주어진 준비물 중에서 실험에 필요한 준비물을 선택해 봅시다.

③ 실험 과정을 정해 봅시다.

❗ 실험 과정 안에 실험 방법이 잘 드러나도록 해요.

3 설계한 대로 실험해 보고, 물의 온도에 따라 붕산이 용해되는 양을 비교해 봅시다.

4 3에서 관찰한 결과가 1에서 예상한 대로 나타났는지 이야기해 봅시다.

물의 온도에 따라 용질이 물에 용해되는 양은 다릅니다. 일반적으로 물의 온도가 높을수록 용질이 더 많이 용해됩니다. 따라서 용질이 용해되지 않고 남아 있을 때 물의 온도를 높이면 남아 있는 용질을 더 많이 용해할 수 있습니다.

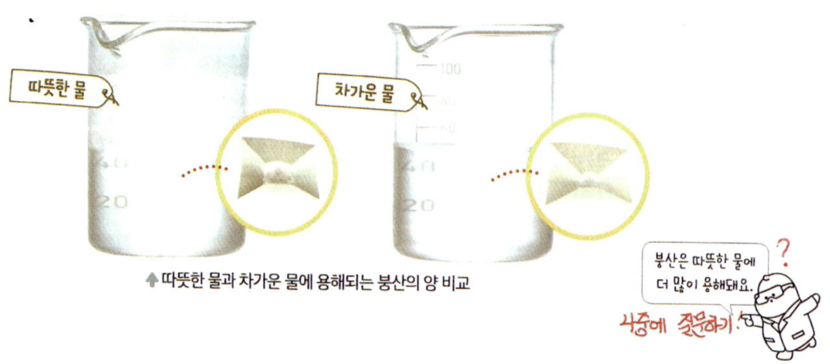

⬆ 따뜻한 물과 차가운 물에 용해되는 붕산의 양 비교

스스로 확인해요

1 일반적으로 물의 온도가 (낮을수록, 높을수록) 용질이 더 많이 용해됩니다.

2 （문제 해결력） 비커 바닥에 남아 있는 설탕을 모두 용해할 수 있는 방법을 설명해 봅시다.

81

출처: 미래엔 5-1 과학 교과서

전략	48쪽 교과서 적용 방법 예시
T-Think(생각하기)	왜 온도가 높으면 설탕이 더 많이 녹는지 이유를 떠올려 보기
A-Attend(귀 기울이기)	선생님이 강조한 "온도가 높을수록 많이 녹는다"라는 문장을 기억
L-Look(눈으로 보기)	삽화의 '설탕이 남아 있는 모습'과 '완전히 녹은 모습'을 비교하며 시각적으로 이해
O-Organize(정리하기)	'온도↑ → 녹는 양↑'을 화살표나 간단한 표로 정리해 교과서 여백에 기록

TALO 전략에서 가장 중요한 건 반복해서 실천하는 거야. 이 전략을 수업 시간마다 반복해서 적용하다 보면, 자연스럽게 수업에 집중하는 힘이 생기고, 노트 필기에도 자신감이 붙게 될 거야. 노트 필기를 잘하려면 단순히 받아 적는 것만으론 부족해. 수업 내용을 정확히 이해하고, 그 안에서 무엇이 중요한지 판단하는 능력이 반드시 필요해.

다음 수업 시간에 TALO 전략을 활용해 노트 필기를 완성해 보자!

첫째, 눈으로 보고, 귀로 듣고, 생각하면서 수업 듣기

둘째, 중요한 내용을 간단히 정리하기(메모하기)

셋째, 수업이 끝난 후, 정리한 내용을 바탕으로 나만의 노트 정리 시작하기

처음부터 이 전략을 완벽하게 실천하기 어렵다면, 작은 것부터 시작해도 좋아. 선생님 말씀을 듣기만 하는 대신, 수업 중 선생님과 눈을 맞추는 것부터 시도해 봐.

힘이 되는 한 줄

"넘어지는 것까지가 배움의 과정이다. 실수나 실패는 공부의 일부야. 실수할 때마나 더 잘할 기회가 생기는 거거든. 그러니까, 넘어져도 괜찮아!"

노트 필기의 기술 2.
핵심 개념을 찾는 법

'핵심 개념'은 공부한 내용 중에서 반드시 기억해야 할 단어를 말해. 전체 내용을 여는 '열쇠'라고 생각하면 돼. 가장 중요한 내용을 가려내고, 간단하게 정리하는 것이 노트 필기의 핵심이야.

핵심 개념을 찾아 정리하는 방법

① 내용을 꼼꼼하게 읽기

가장 먼저 해야 할 일은, 오늘 공부할 교과서 내용을 처음부터 끝까지 천천히, 꼼꼼히 읽는 것이야. 수업을 들었다고 해서 모든 내용을 다 기억할 수는 없잖아? (물론 다 기억이 난다면… 너는 천재!) 교과서를 정독하면서 전체적인 흐름과 주제를 파악하는 것, 이게 바로 노트를 알차게 만드는 첫걸음이라는 것 잊지 마!

② 핵심 개념 표시하기

교과서를 한 번 읽었다면 다시 한번 교과서를 훑어 읽으면서 가장 중요하다고 생각하는 단어에 표시를 해. 어떤 게 중요하냐고? 굵은 글씨로 되어 있는 단어는 거의 대부분 중요하다고 생각하면 돼. 그리고 자주 반복해서 나오거나, 그 과목에서만 사용되는 특정한 용어가 있다면 꼭 기억해야 할 단어가 되지.

1단계. 꼼꼼하게 읽기
영역이란 그 나라의 주권이 미치는 범위를 말합니다. 나라의 영역은 영토, 영해, 영공으로 이루어집니다.

2단계. 중요 단어에 표시하기
영역이란 그 나라의 주권이 미치는 범위를 말합니다. 나라의 영역은 영토, 영해, 영공으로 이루어집니다.

③ 노트에 반영하기

이 책 '노트 필기의 기술 4번'(60쪽)에는 코넬 노트가 등장해. 코넬형 노트에서 세로선 왼
쪽에 적는 것이 바로 이 핵심 개념이야.

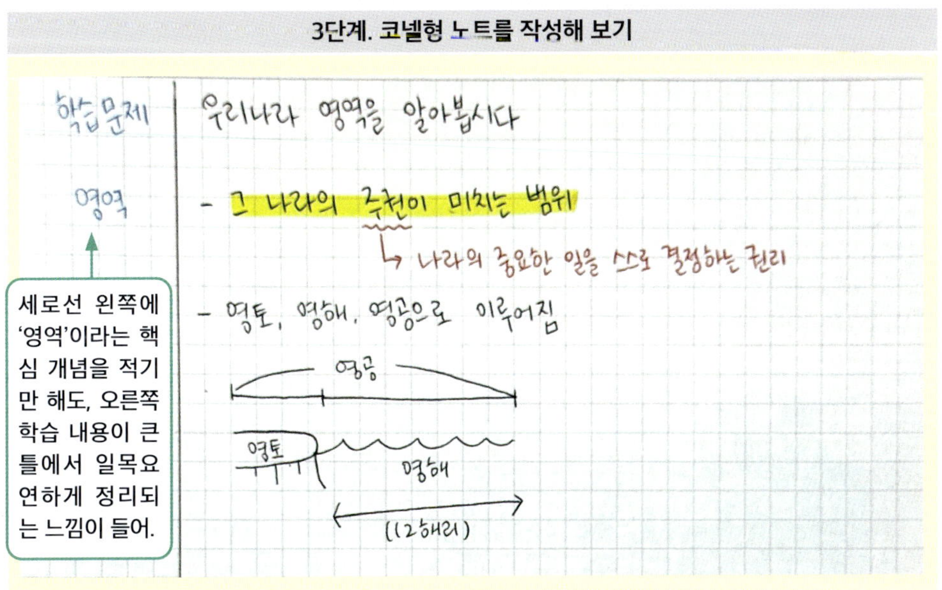

수학 노트에 핵심 개념 정리하기

'수학에서도 핵심 개념을 정리해야 한다고?' 하며 놀라는 친구들이 있을 거야. 그런데 수학
도 핵심 개념 정리가 꼭 필요해. 수학은 곧 문제 풀이다!라고 생각하는 경우가 많겠지만, 사
실 수학은 암기 과목이기도 하거든. 수학 노트 필기에서 핵심 개념을 정리하는 방법은 수학
교과서에서 볼 수 있는 중요한 단어를 여러 개 찾아 보는거야. 공식이 있다면 공식도 핵심
개념이 될 수 있어!

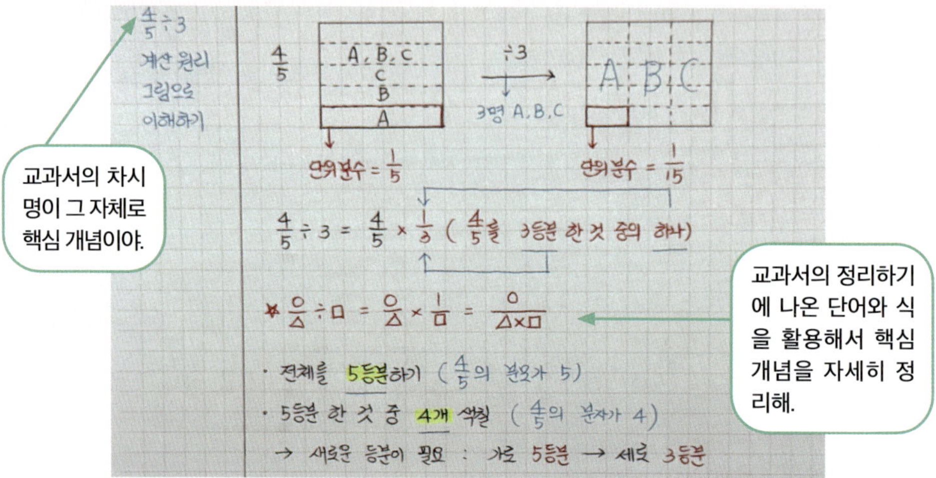

수학 핵심 개념 정리하기

위의 사진에서 세로선 왼쪽 핵심 개념을 적는 곳을 보면 단순히 '$\frac{4}{5}$÷3 계산하기'라고 되어 있지 않고, '$\frac{4}{5}$÷3 계산 원리 그림으로 이해하기'라고 적힌 걸 볼 수 있어. 핵심 개념을 이렇게 구체적으로 적어야, 어떤 과정을 거쳐 계산해야 하는지를 바로 알 수 있어. 그래서 중요한 건, 꼭 알아야 할 내용을 중심으로 그림이나 수식(식)을 활용해 과정을 자세히 정리하는 거야. 이렇게 개념과 원리가 담긴 필기 내용이 탄탄하게 받쳐주면, 나중에 핵심 개념만 보고도 이 공식이 어떻게 만들어졌는지, 어떤 원리로 문제를 해결할 수 있는지 스스로 설명할 수 있게 돼. 또 나중에 복습할 때 수학 원리를 자연스럽게 반복 학습할 수 있어서 훨씬 효과적이야!

사회, 과학 노트에 핵심 개념 정리하기

사회나 과학은 때때로 어려운 개념이나 복잡한 내용이 나올 때가 많아. 또 분량은 얼마나 많게? 사회나 과학 같은 경우에는 교과서에 있는 많은 내용들을 다 보기 어려우니까 핵심만 쏙쏙 정리된 노트 필기를 꾸준히 보면서 공부하는 게 효율적이야. 그래서 중요한 키워드를 뽑아 두는 것이 정말 중요해. 사회 역사 공부를 할 때면 역사적 사건이나 위인의 이름이 등장하기도 하고, 과학은 실험을 정리하면서 등장하는 용어들이 낯설어. 이럴 때 핵심 개념을 중심으로 내용을 정리하면 낯선 내용도 체계적으로 머리에 입력할 수 있어. 특히 글이 많은 사회와 과학의 과목 특성상 교과서만 읽다 보면 어떤 내용이 중요한지 바로 이해하거나 글에 집중하기 어려운데, 핵심 개념을 직접 찾고 노트에 정리하면서 내용을 더 깊이 생각하게 돼. 이렇게 공들여 핵심 개념을 정리하면 머릿속에 더 오래 남고, 나중에 필요할 때 쉽게 꺼내 쓸 수 있어. 그럼, 사회와 과학에서 핵심 개념을 찾는 방법을 알아볼까?

• 사회 교과서 읽고 핵심 개념 필기하기

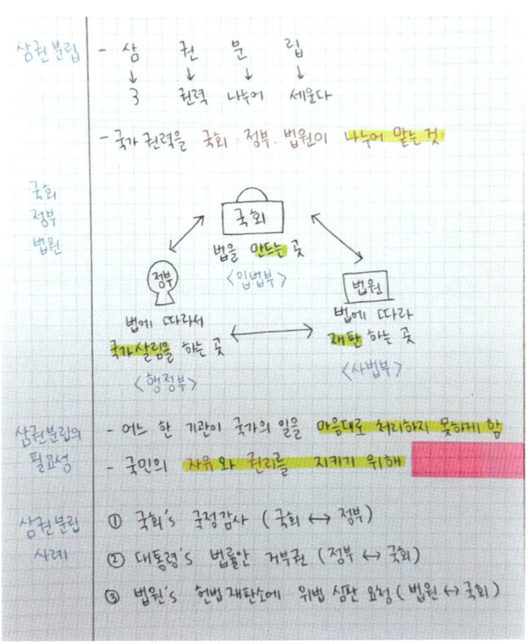

- 교과서에서 반복적으로 나오는 단어 찾기
- 교과서의 여백에 작게 뜻이 풀이되어 있는 단어 찾기

• 과학 교과서 읽고 핵심 개념 필기하기

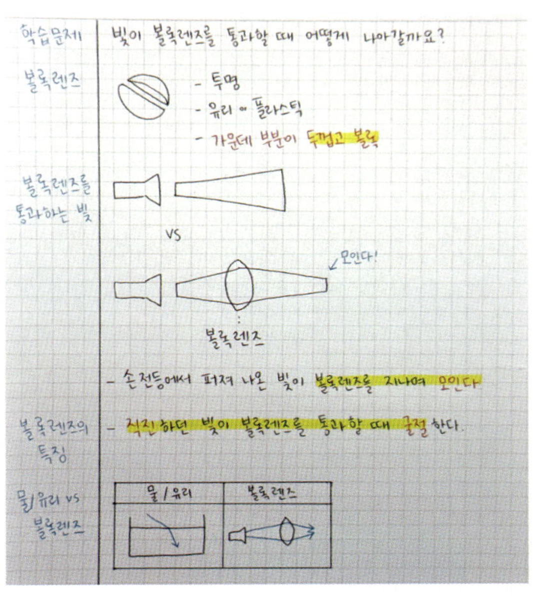

- 과학 교과서에 굵은 글씨로 적힌 단어 찾기
- 실험관찰에 정리한 과학 원리와 실험 결과에 나오는 단어 찾기

이제는 준비물을 알아볼 차례야. 준비물이 왜 중요할까? 배드민턴 선수가 배드민턴 채 없이 경기에 나오는 걸 본 적 있어? 스노보드 선수가 보드 없이 경기에 나오는 건? 공부도 마찬가지야. 노트 필기에도 꼭 필요한 준비물이 있어.

노트 필기를 위한 준비물

준비물이 없다면 수업도 복습도 대충할 수밖에 없어. 노트가 없다면 빈 종이에 대충 필기하다가 교과서 사이에 또 대충 끼워두겠지? 그러면 낱장의 필기를 금방 잃어버리게 돼. 또 형광펜을 챙기지 않아서 중요한 부분에 밑줄을 긋지 못했다면, 나중에 복습할 때 어떤 부분이 가장 중요한 내용이었는지 다시 찾기 어려워. 그러면 공부 시간도 오래 걸리고, 기억도 흐릿해질 수 있어. 노트 필기를 제대로 하려면, 그에 맞는 준비물이 꼭 필요해. 그럼 노트 필기를 위한 준비물들을 하나씩 살펴볼까?

- **교과서와 문제집**

  가장 필요한 것은? 공부할 책이지. 학교 수업을 복습한다면 교과서가 필요해. 온라인 강의를 복습할 것이라면 문제집이 필요할 수도 있어.

- **노트**

  그다음으로 중요한 건 노트 필기를 위한 노트야. 어떤 노트가 노트 필기에 어울릴까? 먼저, 크기가 너무 작거나 너무 큰 노트는 추천하지 않아. 물론 단어장용이라면 작은 노트나 수첩도 괜찮아. 하지만 과목을 정리하는 노트로 작은 노트를 사용하면 필기하기 불편해. A4 용지보다 조금 작거나 교과서와 크기가 비슷한 크기의 노트가 적당해. 그런데 막상 노트를 사러 문구점에 가면 종류가 너무 많아서 어떤 걸 골라야 할지 고민될 거야. 그래서 여기, 종류별 노트를 소개해 줄게.

줄 노트

줄 노트는 학년에 따라 줄 간격이 넓거나 좁은 것을 선택할 수 있어. 가장 많이 쓰이는 노트이기도 해. 가로선이 그어져 있어서 노트 필기를 가지런히 할 수 있다는 장점이 있어. 다만, 줄 간격이 정해져 있어서 표나 그림을 그릴 때는 다소 불편할 수도 있어.

그리드 노트

모눈 노트라고도 불러. 아주 작은 사각형들이 모씨 크기도 자유롭게 조절할 수 있고, 특히 가로선이나 세로선, 표를 그릴 때 자가 없어도 모눈 덕분에 일정한 간격을 유지하며 정리할 수 있다는 장점이 있어. 중고등학생이나 대학생들이 가장 많이 사용하는 노트이기도 해.

2분할 / 4분할 노트

세로선이 하나 있는 2분할 노트와 세로선 하나, 가로선 하나가 있는 4분할 노트가 있어. 주로 T자형 노트 필기나 오답 노트를 만들 때 많이 사용돼.

영어 노트

영어 노트는 한 줄에 선이 네 개가 있어. 알파벳 대문자와 소문자를 구분해서 쓰기 쉽다는 장점이 있어. 하지만 이 노트는 중고등학교보다는 영어 과목을 처음 배우기 시작하는 초등학생에게 더 적합해. 알파벳 쓰기에 익숙하고 대소문자 구분을 잘할 수 있다면, 줄 노트나 그리드 노트에 영어 과목 필기를 해도 괜찮아.

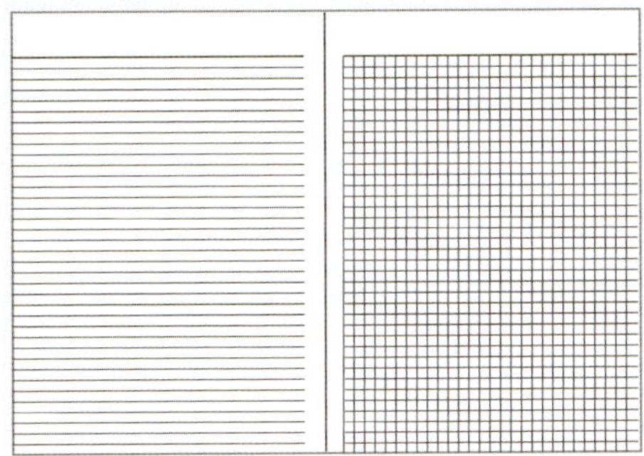

줄 노트   그리드 노트

2분할 노트   4분할 노트

두들 스터디플래너

포스트잇 스터디메이트 한국 지도

인디고 몬스터 스터디 플래너

모닝글로리 위클리플래너

모트모트 텐미닛 플래너

모트모트 스프링북 스퀘어드 노트

모트모트 스프링북 룰드 노트

낼나 뽀모도로 타이머

- **색깔 볼펜**

볼펜은 기본적으로 검은색, 파란색, 빨간색 세 가지 색을 준비하자. 꼭 이 세 가지 색의 볼펜만 써야 할까? 만약 노트 필기에 아주 익숙해졌거나, 필기해야 할 내용이 매우 복잡해서 세세하게 구분해 적어야 할 때에는 다양한 색의 볼펜이 도움이 될 수 있어. 하지만 지금 중요한 건 기본을 지키는 거야

검은색은 가장 기본이 되는 색으로, 대부분의 필기는 검은색으로 해. 파란색은 검은색으로 쓴 기본 필기에 내용을 덧붙이거나, 핵심 개념을 강조할 때 사용할 수 있어. 빨간색은 아주 중요한 내용을 표시할 때 사용하기 때문에 자주 쓰지는 않아.

그런데 똑같은 색의 볼펜이라도 굵기가 다양해. 볼펜 옆면을 잘 보면 0.5, 0.7 같은 숫자가 적혀 있을 거야. 이 숫자는 볼펜으로 그을 수 있는 선의 두께를 뜻해. 예를 들어, 0.5라고 쓰인 볼펜은 0.5mm 두께의 선을 그을 수 있지. 0.5mm보다 더 가느다란 볼펜도 있고, 0.7mm보다 더 굵은 볼펜도 있어. 하지만 너무 가늘거나 굵은 볼펜은 글씨 쓰기가 어렵거나, 선을 그릴 때 번질 수 있어. 그래서 보통은 0.5mm나 0.7mm 정도의 볼펜을 많이 사용해. 직접 써 보고, 자신에게 잘 맞는 볼펜을 골라 보자.

그럼 연필이나 샤프펜슬은 쓰면 안 될까? 수업 시간에 빠르게 필기를 해야 하거나, 일단 필기한 후 나중에 옮겨 적을 계획이라면 지우기 쉬운 연필이나 샤프펜슬을 사용할 수 있어. 또 노트 필기가 익숙하지 않아서 자주 고쳐야 할 때도 연필이 더 편할 수 있어. 다만, 연필로 쓴 내용은 여러 번 복습할 때 번지거나 흐려질 수 있다는 점은 꼭 기억하자.

- **형광펜**

형광펜은 교과서나 문제집에 직접 밑줄을 그을 때 주로 사용하는 필기구야. 노트 필기를 할 때는 볼펜으로 쓴 글씨 위에 바로 형광펜을 사용하면 글씨가 번질 수 있어서 조심해야 해. 그래서 노트 필기에는 글씨가 다 마른 뒤에 형광펜으로 밑줄을 긋거나, 형광펜으로 먼저 밑줄을 긋고 그 위에 글씨를 쓰는 방법을 추천해. 형광펜은 가장 중요한 내용이나, 복습했을 때 잘 기억나지 않는 부분에 표시하면 효과적이야.

형광펜도 다양한 색이 있어. 예전에는 형광 노랑, 형광 분홍, 형광 파랑처럼 눈에 띄는 색들이 많이 사용되었지만, 요즘은 이런 색들이 눈을 피곤하게 만든다는 이유로 파스텔톤 형광펜도 많이 쓰이고 있어. 어떤 색이든 색깔 볼펜과 겹치지 않는 색을 사용하는 것이 좋아. 그래서 대부분 노란색 형광펜이 가장 많이 사용돼.

- **자**

자는 선을 그을 때 쓰지. 특히 표나 그래프를 그릴 때 유용하게 사용할 수 있어. 자는 필통에 들어가는 길이가 좋아. 자를 대고 선을 그릴 때 볼펜의 잉크가 자에 묻어서 번지는 경우가 종종 있어. 요즘에는 잉크가 묻지 않게 만들어진 자도 있으니 마음에 드는 자를 직접 찾아보자. 그리드 노트(모눈 노트)를 쓴다면 좀 더 쉽게 반듯하게 선을 그릴 수 있어. 하지만 줄이나 점이 전혀 없는 빈 노트를 쓴다면 필기할 때 자는 필수야.

- **포스트잇**

노트 필기를 할 때 가장 많이 사용하는 점착 메모지는 포스트잇이야. 크기와 모양이 다양해. 큰 직사각형 모양부터 가장 많이 쓰이는 정사각형 모양, 책갈피처럼 사용할 수 있는 인덱스형 포스트잇도 있어. 포스트잇의 크기가 클수록 점착 면도 넓어지는데, 그러면 본문 내용을 가리는 경우도 생겨. 그래서 사용 목적에 따라 크기와 모양을 골라야 해. 요즘은 연표 모양 포스트잇, 지도 포스트잇처럼 특수한 형태의 포스트잇도 다양하게 출시되고 있으니, 상황에 맞게 골라서 활용해 보자.

그 외 공부에 도움이 되는 다양한 준비물들

이제 노트 필기를 할 때 꼭 필요한 준비물들은 갖춰졌어. 그런데 반드시 필요한 것은 아니지만 공부를 좀 더 편하게 만들어 주는 준비물들이 있어서 몇 가지 더 소개할게.

- **독서대**

독서대는 말 그대로 독서를 할 때 책을 올려두기 위해 사용하는 도구야. 책을 책상 위에 평평하게 놓고 보면 고개를 푹 숙이게 되기 때문에, 오랫동안 책을 읽다 보면 금세 목이 뻣뻣해지고 자세도 나빠질 수 있어. 그럴 때 독서대를 활용하면 좋은 자세를 유지할 수 있고, 몸의 피로도 줄일 수 있어. 노트 필기를 할 때는 독서대 위에 교과서나 문제집을 올려두고, 아래에는 노트를 펼쳐서 필기하면 훨씬 편하게 공부할 수 있어.

- **스톱워치**

'순공 시간'이라는 말을 들어본 적이 있어? 순수하게 내가 집중해서 공부한 시간의 줄임말이야. SNS에서 스톱워치 사진을 찍어 순공 시간을 인증하는 챌린지가 유행하면서 스톱워치를 쓰는 학생들도 덩달아 많아졌어. 자신이 어느 정도의 시간을 집중할 수 있는지 알면 공부 계획을 짜는 데에도 도움이 돼. 또 요즘에는 뽀모도로 타이머라고 해서 30분, 40분 등 시간을 미리 세팅해 놓는 시계도 있어. 30분 혹은 40분 동안 바짝 집중하고 그 시간 동안 잘 집중했으면 잠시 숨을 돌리고 다음 공부를 이어 나가는 거지.

준비물이 많으면 많을수록 다다익선(多多益善)일까? 그건 아니야. 준비물이 태도를 만드는 건 맞지만 결국 공부의 시작은 내 마음가짐이야.

코넬 노트

코넬 노트 틀을 활용하면 노트의 공간을 어떻게 활용해야 할지 쉽게 알 수 있어.

• 1단계. 노트 왼쪽으로부터 3cm 자로 세로선 긋기

세로선을 그을 때 가장 중요한 건 반드시 자를 사용해서 반듯하고 깔끔하게 그리는 거야. 그래야 내가 쓴 노트를 여러 번 보고 싶은 마음이 생겨. 노트 필기의 핵심은 반복이라는 걸 기억해.

• 2단계. 세로선의 '핵심 개념 자리'에는 학습 문제를 파란색 펜으로 필기해.

오른쪽 '필기 자리'에는 학습 내용을 검은색 펜(또는 연필)으로 쓰고, 보충 설명은 파란색 펜, 아주 중요한 내용은 빨간색 펜으로 구분해서 쓰면 좋아.

• 3단계. 필기 자리에 내용을 쓸 때는, 핵심 개념 자리의 내용과 같은 줄에 맞춰 필기해야 해.

그리드 노트를 활용하면 문장이 시작되는 줄과 번호(1, 2, 3 등)를 쉽게 맞출 수 있어. 깔끔하게 정돈된 필기는 노트를 계속 보고 싶게 만들어.

• 4단계. 여백을 남기는 연습도 꼭 필요해.

처음부터 빼곡한 노트보다는 여백이 있는 노트 필기로 시작해야 해. 반복해서 노트

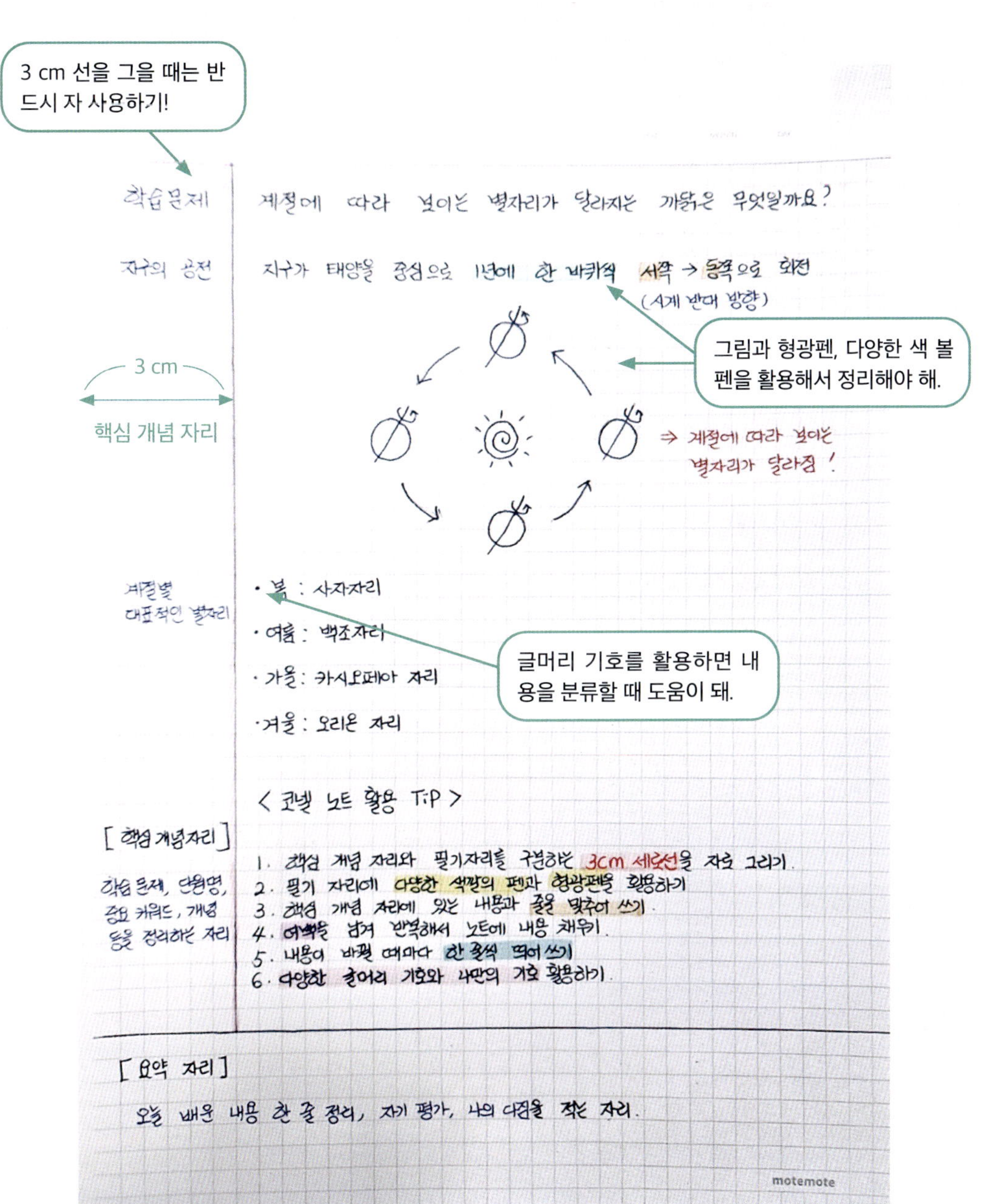
3 cm 선을 그을 때는 반드시 자 사용하기!

학습 문제

계절에 따라 보이는 별자리가 달라지는 까닭은 무엇일까요?

지구의 공전

지구가 태양을 중심으로 1년에 한 바퀴씩 서쪽 → 동쪽으로 회전
(시계 반대 방향)

그림과 형광펜, 다양한 색 볼펜을 활용해서 정리해야 해.

3 cm

핵심 개념 자리

⇒ 계절에 따라 보이는 별자리가 달라짐!

계절별 대표적인 별자리

· 봄 : 사자자리
· 여름 : 백조자리
· 가을 : 카시오페아 자리
· 겨울 : 오리온 자리

글머리 기호를 활용하면 내용을 분류할 때 도움이 돼.

〈 코넬 노트 활용 Tip 〉

[핵심 개념자리]

학습 문제, 단원명, 중요 키워드, 개념 등을 정리하는 자리

1. 핵심 개념 자리와 필기자리를 구분하는 3cm 세로선을 자로 그리기.
2. 필기 자리에 다양한 색깔의 펜과 형광펜을 활용하기
3. 핵심 개념 자리에 있는 내용과 줄을 맞추어 쓰기
4. 여백을 남겨 반복해서 노트에 내용 채우기.
5. 내용이 바뀔 때마다 한 줄씩 띄어 쓰기
6. 다양한 줄어리 기호와 나만의 기호 활용하기.

[요약 자리]

오늘 배운 내용 한 줄 정리, 자기 평가, 나의 다짐을 적는 자리.

motemote

를 보면서 새롭게 알게 된 내용, 잊지 말아야 할 내용을 포스트잇 등을 활용해 여백에 추가로 채워 넣는 것이 중요해. 노트는 한 번 쓰고 끝나는 게 아니라, 여러 번 보면서 점점 채워 나가는 거야.

• 5단계. 생각하고 쓰기

학습 문제를 쓰고 난 후에는 한 줄을 꼭 띄우고, 내용을 쓰기 전에 내가 쓸 내용이 무엇인지 생각하고 쓰는 것도 잊지 마.

• 6단계. 글머리 기호를 활용해 구분하기

다양한 글머리 기호를 활용하면 복잡한 내용도 한눈에 구조와 중요도를 파악할 수 있어.

글머리 기호	예시
−, ● (분류, 뜻)	− 자연재해: 홍수, 가뭄, 태풍, 황사, 지진 등 피할 수 없는 자연 현상으로 일어나는 피해
▷ (단계)	1882 임오군란 ▷ 1884 갑신정변 ▷ 1885 거문도 사건
1, 2, 3 1) 2) 3) (순서, 단계, 구분)	1) 용질 2) 용매 3) 용액
< > (소제목, 소주제)	<고체 물질의 열전도 빠르기 비교하기>

기본틀은 언제든 나에게 맞는 틀로 바꿀 수 있어. 하지만 나만의 틀을 만들 때 중요한 건 여러 번 보고 싶은 마음이 드는 노트를 만들어야 한다는 거야.

자리	쓰는 내용	쓰는 방법
핵심 개념 자리	단원명, 중요 키워드, 개념	핵심 개념을 찾아 적을 때는 파란색 글씨로 적어.
필기 자리	선생님 설명, 판서 등	많은 줄 글보다는 기호와 그림, 표 등을 활용해 봐.

T자형 노트(2분할 노트)

I. 국토와 우리 생활

II. 우리 국토의 위치와 영역

우리나라 행정구역과 주요 도시의
위치 특성을 알아볼까요?

1. 행정 구역

행정 기관의 권한이 미치는 일정한 범위

- 조선시대의 8도에서 비롯됨.

- 각 도의 명칭은 그 지역에서 중심지 기능을
담당한 도시 이름의 앞 글자를 따서 정함.

2. 우리나라의 행정 구역

특별시	서울특별시
특별자치시	세종특별자치시
광역시	인천광역시, 대전광역시, 대구광역시, 광주광역시, 울산광역시, 부산광역시
도	경기도, 충청북도, 충청남도, 전라남도, 경상북도, 경상남도
특별자치도	강원특별자치도, 전북특별자치도, 제주특별자치도

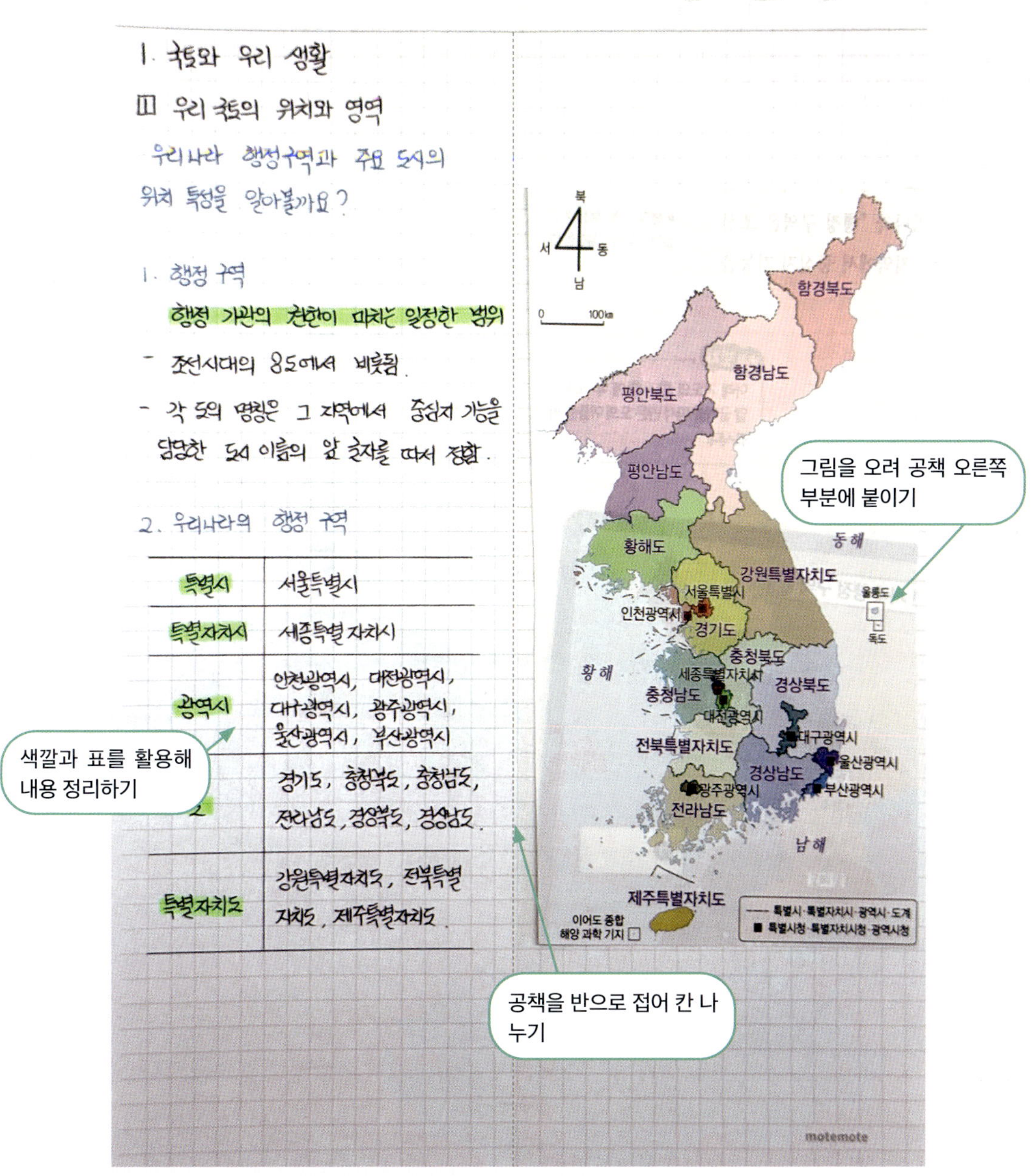

T자형 노트(2분할 노트)는 내용과 그림을 반으로 나누어 정리할 때나, 수학 오답 노트를 정리할 때 사용할 수 있는 노트야. 코넬 노트의 첫 번째 단계가 노트 왼쪽에 3cm 세로선을 긋는 거라면, T자형 노트는 공책을 정확히 반으로 접어서 칸을 좌우로 나누어 시작하는 방식이야.

· 1단계. 노트를 반으로 접어 칸 나누기

노트를 반으로 접어서 왼쪽은 핵심 개념 자리, 오른쪽은 그림 등을 추가할 자리로 정확히 나눠야 해. 왼쪽에는 학습 문제를 **파란색 펜**으로 쓰고, 오른쪽에는 왼쪽 내용을 설명하는 그림 등을 붙일 수 있어. 보충 설명은 **파란색 펜**으로, 중요한 내용은 **빨간색 펜**으로 정리하면 더 효과적이야.

· 2단계. 핵심 개념 자리와 오른쪽 영역을 어떻게 활용할지 생각하기

개념 정리

핵심 개념 자리에는 공부한 내용을 간단히 정리하고, 오른쪽 영역에는 그와 관련된 그림이나 표를 그리거나 오려서 붙여. 이때, 왼쪽에 쓴 내용과 오른쪽에 있는 그림이나 표가 같은 줄에 오도록 맞추면 더 보기 좋고, 이해하기도 쉬워.

오답 노트

핵심 개념 자리에는 내가 틀렸던 문제를 직접 쓰거나 문제지의 문제의 문제를 오려 붙여. 오른쪽 영역에는 그 문제를 풀기 위해 필요한 개념, 내가 했던 실수, 그리고 올바른 풀이 방법을 정리해. T자형 노트는 반으로 접을 수 있어서 공부할 때 오른쪽을 가리고 왼쪽의 문제만 보면서 다시 풀어보는 데 유용해. 한 가지 팁은 노트 상단에 문제의 출처와 다시 푼 횟수를 함께 표시해 두는 거야.

백지 노트

내가 공부한 내용을 정확히 이해하고 있는지 확인할 수 있는 좋은 방법이야. 먼저 교과서나 참고서를 활용해 공부한 다음, 책을 덮고 공책 또는 A4용지를 반으로 접어. 그리고 왼쪽 위부터 내가 공부했던 내용을 떠올리면서 노트에 정리해 보는 거야. 이때 중요한 건, 절대 교과서나 참고서를 다시 보지 않고 내 기억만으로 쓰는 거야. 이 방법을 반복하다보면 내가 어떤 내용을 잘 알고 있고, 어떤 부분이 부족한지를 쉽게 파악할 수 있어.

- **T자형 개념 정리 노트 예시**

① 우리 국토의 위치와 영역

우리나라의 영역을 알아봅시다.

1. 영역이란?

  1) 한 나라의 주권이 미치는 범위

  2) 영토, 영해, 영공으로 이루어짐

2. 영토, 영해, 영공

  1) 영토: 한반도, 한반도에 속한 섬

  2) 영공: 영토, 영해 위의 하늘

  3) 영해: 기준선으로부터 12해리의 바다

  ┌ 동해안: 썰물 때 해안선 기준

  └ 서해, 남해안: 가장 바깥 섬을 직선으로 연결한

              선 기준

3. 우리나라 영토의 끝

  ┌ 동쪽 끝: 독도

  ├ 서쪽 끝: 마안도

  ├ 남쪽 끝: 마라도

  └ 북쪽 끝: 유원진

〈자기 평가〉

  - 그 나라의 주권이 미치는 범위를 (　　　) 라고 한다.

  - 서해안과 남해안의 영해의 기준은 (　　　　　　　)이다.

  - 우리나라 영토의 동쪽 끝은 (　　　) 이다.

1. 영역　2. 가장 바깥에 있는 섬을 직선으로 그은 선　3. 독도

65

- **T자형 오답 노트 예시**

OO 문제집 6-1   다시 푼 횟수: T
24쪽 6번 문제

─ 철사를 구부려서 한 변이 $\frac{2}{5}$ m인 정육각형을 만
─ 들었습니다. 이 정육각형을 풀어서 정사각형을 만
─ 들었을 때 만든 정사각형의 한 변의 길이는 몇 m
─ 인지 구하시오. (단, 철사를 겹치거나 잇는 데 사용
─ 하지 않습니다.)

$\frac{2}{5}$ m

〈핵심 Point〉
· 정육각형, 정사각형은 모든 변의 길이가 같다.
  정육각형은 여섯 변의 길이가 같고, 정사각형은
  네 변의 길이가 같다.
※ 도형 문제를 풀 때, 정의를 잊지 말자!

〈풀이〉
① 사용한 철사의 길이를 구하자.
$\frac{2}{5}$ m × 6 = $\frac{12}{5}$ m ($\frac{2}{5}+\frac{2}{5}+\frac{2}{5}+\frac{2}{5}+\frac{2}{5}+\frac{2}{5}$)
· 정육각형의 둘레 = (한 변의 길이) × 6

② 펼친 철사의 길이가 $\frac{12}{5}$ m이고, 이걸 구부려서
  정사각형을 만들자.
$\frac{12}{5}$ m ÷ 4 = $\frac{12}{5} \times \frac{1}{4} = \frac{3}{5}$ m

4등분
÷ 개념

$\frac{2}{5}$
$\frac{2}{5}$
$\frac{1}{5}\ \frac{1}{5}$
$\frac{1}{5}\ \frac{1}{5}$
$\frac{2}{5}+\frac{1}{5}=\frac{3}{5}$
$\frac{2}{5}$
$\frac{3}{5}$
$\frac{3}{5}$

간단하게 오답 노트를 만들 때는 핵심 포인트를 많이 적기보다는 가장 중요한 한 가지 정도를 선택해서 적는 것이 좋아.

문제가 길면 문제를 오려 붙이거나, 조건과 그림 등만 간략히 적어도 돼.

풀이를 적을 때는 답지 풀이를 그대로 적는 것이 아니라 내가 이해한 내용을 바탕으로 적어야 해. 또 다양한 풀이 방법을 오답 노트에 모아두면 복습할 때 다시 보게 되므로 수학적 사고력을 기르는 데 도움이 돼.

노트 필기를 할 때의 핵심은 나중에 복습할 때 한눈에 보기 좋게 깔끔하게 정리하는 거야. 노트를 보기 좋게 정리하려면 글씨를 바르게 쓰는 것도 중요하지만, 색을 어떻게 사용하는지도 아주 중요해. 함께 살펴보자!

글씨색에 따라 내용의 중요도가 달라져!

처음 노트 필기를 할 때는 3색 볼펜을 사용하는 것을 추천해.

색깔	용도
• 검은색	기본적인 내용
• 파란색	내용 구분, 보충 설명
• 빨간색	가장 중요한 내용, 꼭 외워야 할 내용

아래 예시를 보며 색을 어떻게 나누어 썼는지 함께 익혀볼까?

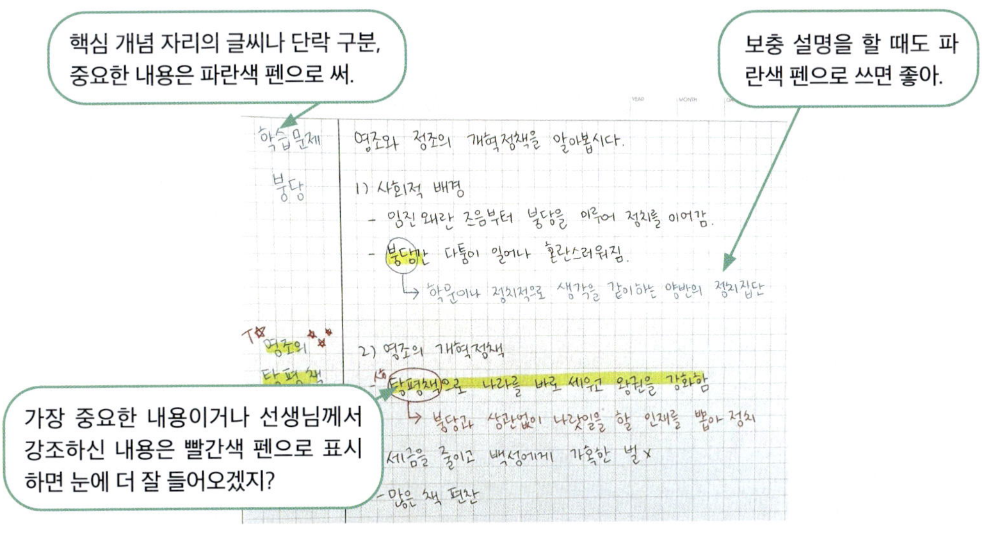

형광펜으로 중요한 내용을 한눈에!

색깔 볼펜이 노트 필기의 기본 구조를 잡아준다면, 형광펜은 복습할 때 중요한 내용을 한눈에 돋보이게 해주는 역할을 해. 형광펜을 사용할 때 가장 중요한 것은 일관된 원칙을 세우고 정해진 색깔만 사용하는 거야. 기분에 따라 이 색, 저 색을 바꿔 가며 사용하면 통일성이 없어지고, 시간이 지난 후에는 왜 그 부분을 표시했는지 알아보기 어려워. 특히 모든 내용이 중요하다고 생각해서 필기 내용의 대부분을 형광펜으로 칠해 버리면, 나중에 노트를 봤을 때 오히려 더 혼란스럽고 핵심 내용을 이해하기 어려워질 수 있어.

보통 추천하는 형광펜 색의 종류는 두 가지야. 이왕이면 내가 좋아하는 색을 골라보자. 단, 너무 진하지 않고 형광펜 아래에 있는 글씨가 잘 보이도록 내용이 돋보이는 색을 고르는 것이 좋아. 예를 들어 보라색과 청록색으로 정했다면, 보라색은 꼭 기억해야 할 핵심 내용, 청록색은 보라색만큼은 아니지만 기억하면 좋은 내용이나 보라색의 하위 개념을 표시하는 데 사용하면 돼.

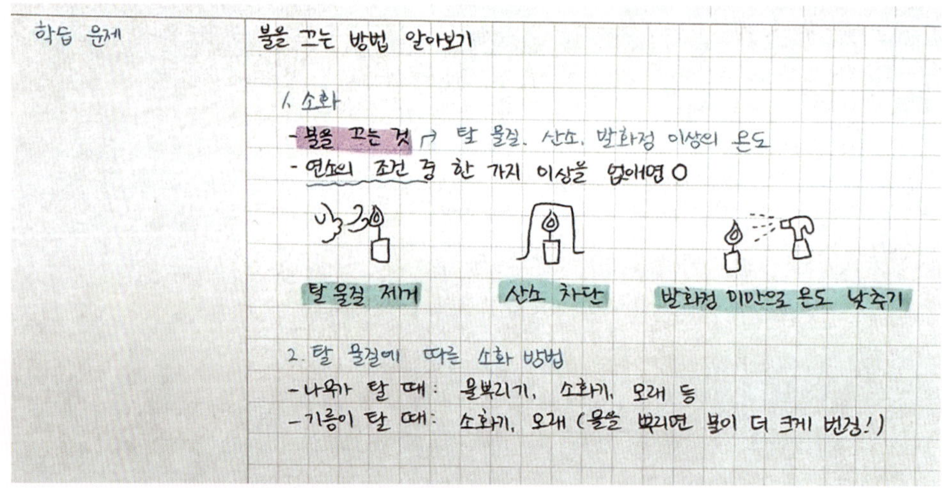

이미 노트 필기에 익숙해지고, 이제는 나만의 노트를 만들고 싶다면 색을 조금 더 다양하게 써 봐도 좋아. 예를 들어 문제집에서 반복해서 틀리는 개념은 주황색 볼펜으로 보충 설명을 적고, 궁금하거나 더 알고 싶은 내용은 초록색 볼펜 등으로 써 보는 거야. 이렇게 나만의 색깔 규칙을 정해 노트 필기를 꾸준히 하다 보면, 점점 나만의 스타일이 담긴 노트 필기를 완성할 수 있어.

정리가 빨라지는 기호 사용법

노트 필기를 할 때 교과서의 내용을 전부 옮겨 적느라 손이 아팠던 석 있어? 시간이 너무 오래 걸려 오히려 공부 효율이 떨어진 적은? 선생님 말씀 따라 적는데 속도가 안 나서 결국 중요한 것을 놓쳤던 경험은 없어? 이럴 때 사용하는 것이 바로 기호야.

노트를 정리할 때 유용한 기호들

기호·줄임말	설명	예시
↑, UP, 多, 大	높다, 올라간다, 많다, 크다, 성장	온도가 ↑면 물이 끓는다.
↓, DOWN, 少, 小	낮다, 내려간다, 적다, 작다, 감소	촌락은 인구가 少
O	있다, 맞다, 해당, 가능	관용 표현 사용: 전하고 싶은 말을 쉽게 표현할 수 O
X	없다, 틀리다, 제거, 불가능	탕평책: 붕당과 상관 × 인재를 뽑아 정치를 하는 것
>, <	~ 보다 크다, 작다	알갱이 크기: 화강암 > 현무암
=, ≠	같다, 다르다	정사각형 네 각의 크기의 합 =360°
ex), 예)	예시	현무암 실생활 활용 예) 돌하르방
→	그래서, 그 결과	6.25 전쟁 → 물자와 식량 부족해짐

어때? 노트 필기가 훨씬 빠르고 간단해질 것 같지 않아?

기호는 꼭 정해진 것만 써야 하는 것은 아니야. 필요하다면 나만의 기호를 만들어 써 봐도 좋아. 내가 만든 기호니까 더 쉽게 기억되고 눈에도 잘 띄게 돼. 정말 중요해서 한 번 더 강조하고 싶은 내용이나 헷갈리는 내용을 표시할 때 등 다양한 상황에서 간단하게 활용할 수 있는 나만의 기호를 만들어서 사용해 봐.

기호·줄임말	설명	예시
Q, A	질문, 답변	Q. 마름모의 둘레는 왜 4를 곱할까?
※, ◇, *	강조 표시	※ 영어 단어뿐만 아니라 어구의 의미도 함께 익히기!
&, +	그리고	애벌레: 애+벌레
↔, vs	반대, 대비	big 큰 ↔ small 작은
∴, ∵	따라서, 왜냐하면	∴ 5cm ∵ 태백산맥, 동해의 깊은 수심 때문
中	~중에서	재판의 종류 中 형사 재판
人	사람	인권 신장을 위해 노력한 人: 허균, 방정환 등
有	있음	개구리밥: 수염 모양의 뿌리 有

"천천히 걸어야 멀리 갈 수 있다! 거창한 목표를 세우기보다, 조금씩 할 수 있는 공부 습관을 찾아 꾸준히 실천해 보자. 아무리 긴 여정도 결국 작은 한 걸음들이 모인 결과니까!"

생각을 구조화하기 좋은 씽킹맵

노트 필기를 할 때 흔히 하는 착각이 있어. 바로 글자를 많이 써서 공책을 가득 채우는 게 필기를 잘하는 거라고 생각하는 거야. 정말 글을 많이 쓰는 게 좋을까? 그렇지 않아. 글자가 많으면 공부해야 하는 양이 많아 보이고, 정말 중요한 내용을 한눈에 파악하기 어려워. 그래서 중요한 내용을 정리할 때는, 내용을 한눈에 알아볼 수 있는 방법을 쓰는 것이 좋아. 바로 '씽킹맵!'

씽킹맵은 공부한 내용의 특징에 따라 시각적으로 정리하는 노트 필기 방법이야. 씽킹맵으로 정리하면 주제별로 묶고 연결해서 한눈에 보기 쉽게 만들 수 있어서, 노트에 필기하면서 생각하는 힘을 기를 수 있어. 또 머릿속에 그림처럼 쏙쏙 남아서 공부한 내용을 잘 떠올릴 수 있지. 그럼, 씽킹맵을 어떻게 활용하면 좋을지 알아볼까?

- **씽킹맵의 종류**

써클맵	버블맵	더블버블맵	브릿지맵
트리맵	브레이스맵	플로우맵	멀티플로우맵

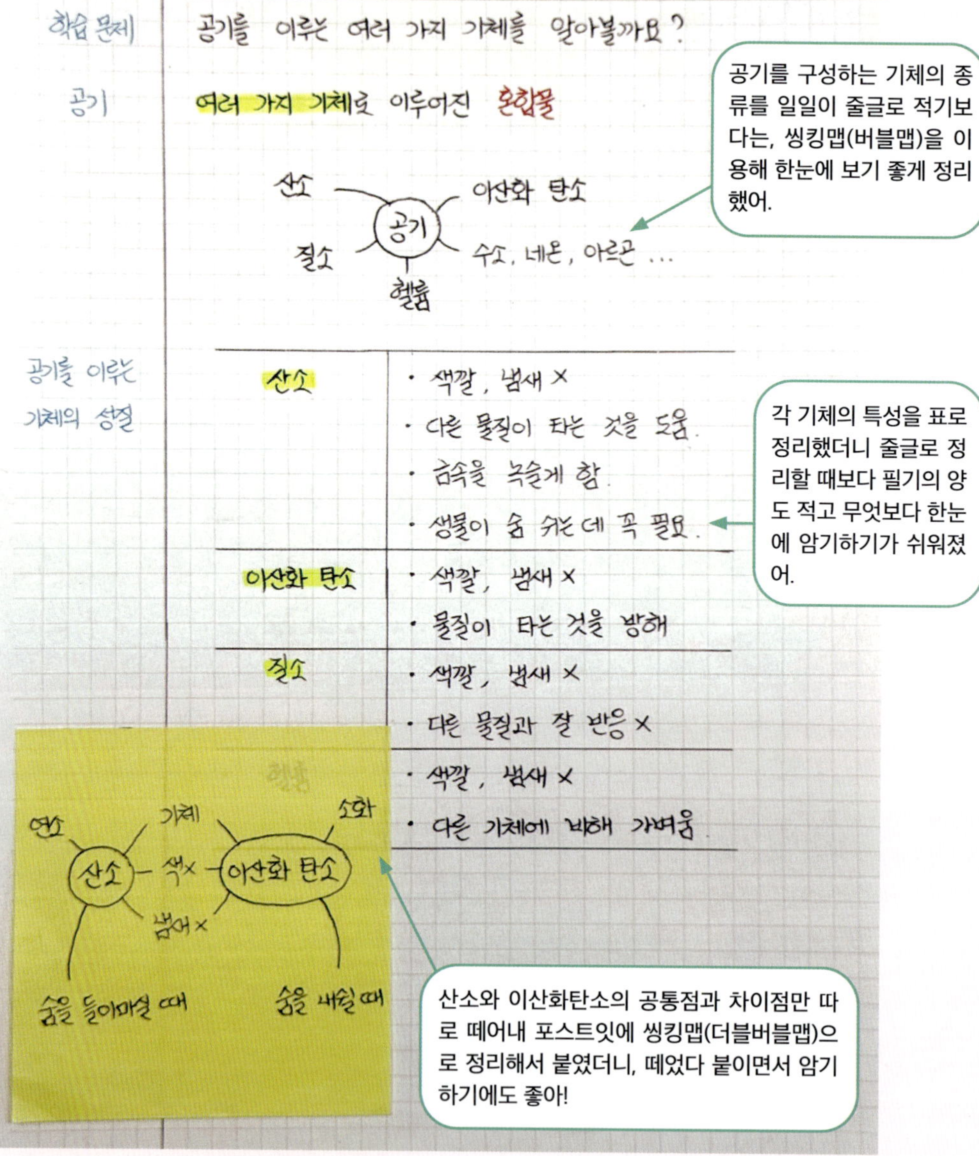

공기를 구성하는 기체의 종류를 일일이 줄글로 적기보다는, 씽킹맵(버블맵)을 이용해 한눈에 보기 좋게 정리했어.

각 기체의 특성을 표로 정리했더니 줄글로 정리할 때보다 필기의 양도 적고 무엇보다 한눈에 암기하기가 쉬워졌어.

산소와 이산화탄소의 공통점과 차이점만 따로 떼어내 포스트잇에 씽킹맵(더블버블맵)으로 정리해서 붙였더니, 떼었다 붙이면서 암기하기에도 좋아!

써클맵

써클맵은 공부한 개념의 특징을 정리하고 싶을 때 쓰는 맵이야. 가장 안쪽 동그라미에는 공부한 주제(개념)를 적고, 바깥쪽 동그라미에는 그 주제를 설명하는 단어나 문장을 적어 보는 거야. 간단한 그림을 함께 그려도 좋아!

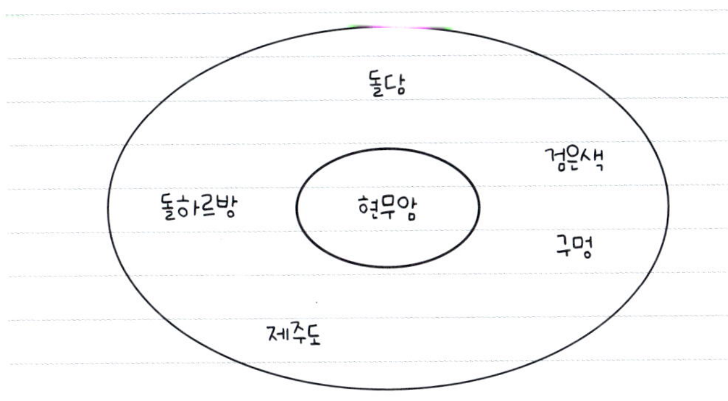

내용 현무암은 주로 검은색이나 어두운 회색을 띠고 있습니다. 현무암에는 구멍이 뚫려 있는 경우가 많은데, 이것은 용암 속에 있던 가스가 빠져나가면서 생긴 흔적입니다. 제주도에서 현무암을 볼 수 있으며 돌하르방이나 돌담을 만들 때 사용되기도 합니다.

버블맵

어디서 많이 본 것 같지? 흔히 마인드맵이라고 부르는 것과 비슷한 모양의 맵이야. 마인드맵은 생각을 자유롭게 나타내는 반면, 버블맵은 개념을 자세히 설명하거나 묘사하고 싶을 때 사용해. 가운데 큰 동그라미에는 설명하고 싶은 대상을 적고, 주변의 작은 동그라미들에는 그 대상의 특징을 나타내는 형용사나 짧은 단어를 적는 거야.

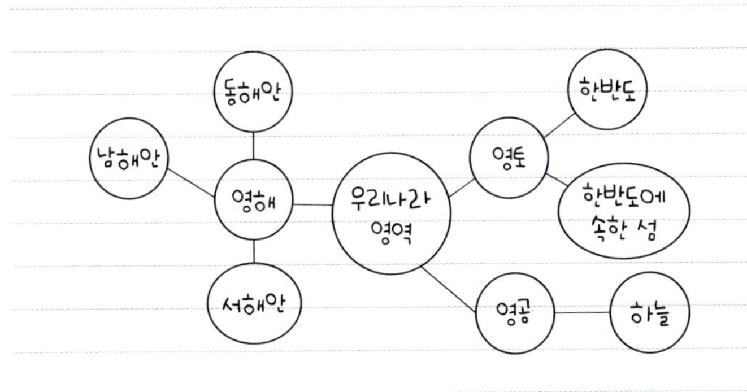

내용 우리나라의 영역은 영토, 영해, 영공으로 구분됩니다. 영토는 한반도와 한반도에 속한 여러 섬이 해당합니다. 영해는 바다를 의미하는 말로 서해안과 남해안, 동해안이 있습니다. 영공은 우리나라 영토와 영해 위에 있는 하늘의 범위입니다.

더블버블맵

더블버블맵은 두 가지 대상을 비교하고, 공통점과 차이점을 정리할 때 쓰는 맵이야. 가운데에 두 개의 큰 동그라미를 나란히 놓고 비교할 대상을 각각 적어. 그리고 두 대상의 공통점은 두 동그라미 사이에 연결된 작은 동그라미에, 각 동그라미 바깥쪽에 연결된 작은 동그라미에는 각각의 차이점을 적는 거야.

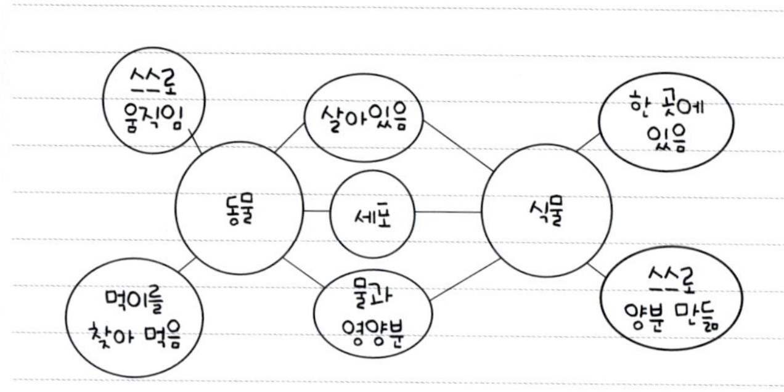

내용 동물과 식물은 모두 살아있는 생물입니다. 둘 다 세포로 이루어져 있고, 물과 영양분이 필요합니다. 동물은 스스로 움직여서 먹이를 찾아 먹습니다. 식물은 한곳에 뿌리를 내리고 움직이지 않습니다. 식물은 햇빛을 이용해 스스로 양분을 만듭니다.

브릿지맵

브릿지맵은 서로 비슷한 관계를 가진 것들을 연결해 정리하거나, 한 가지 정보를 바탕으로 다른 정보를 유추*할 때 사용하는 맵이야. 그래서 다리 모양처럼 두 가지 대상을 연결하는 형태로 생겼지. 다리 모양의 선 위에는 주제를 적고, 그 아래에는 주제와 관련한 간단한 설명을 적는 거야. 반대로 위에 설명을 적고 아래에 주제를 적어도 괜찮아.

내용 공공기관은 지역을 위한 여러 가지 역할을 합니다. 소방서는 화재를 진압하고 화재를 예방합니다. 경찰서는 지역 안전을 책임지는 기관으로 지역의 질서를 유지할 수 있도록 관리합니다. 보건소는 질병을 예방할 수 있도록 예방 접종을 하거나 건강 교육을 합니다.

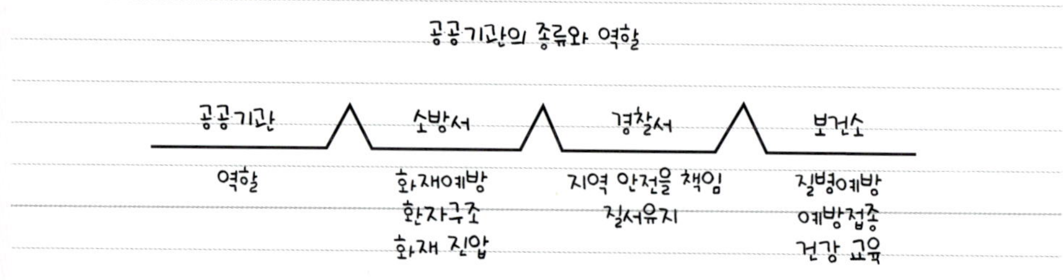

* **유추:** 어떤 대상의 성질이나 관계를 다른 대상과 비교해 비슷한 점을 바탕으로 추측하는 것

트리맵

공부하다 보면 종류별로 분류하거나 전체와 부분을 정리해야 할 때가 있지? 그럴 땐 트리맵으로 정리하면 돼. 트리맵은 전체를 여러 부분으로 나누거나, 종류별로 분류할 때 사용하는 맵이야. 맨 윗줄에는 큰 주제를 적고, 그 아래로 가지를 그려 하위 주제나 종류를 정리해. 만약 너 자세히 나누고 싶다면, 그 아래로 또 가지를 그려 세부 내용을 적어도 돼.

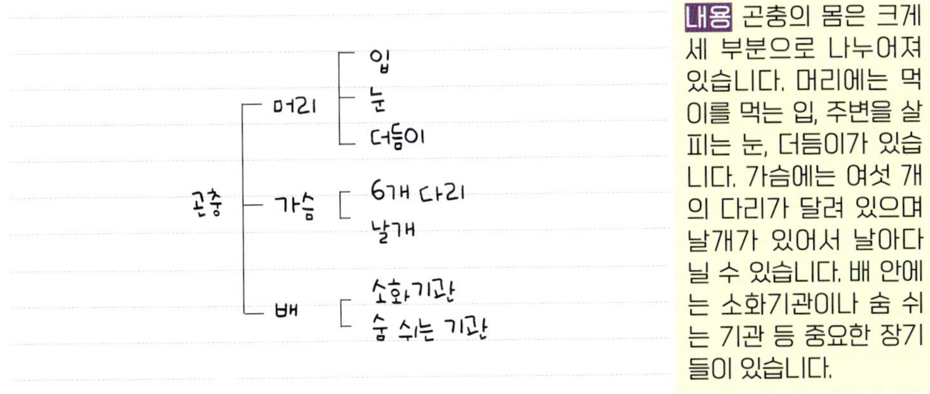

내용 동물들을 척추가 있는지 없는지에 따라 척추동물과 무척추동물로 나뉩니다. 척추동물은 등뼈가 있는 동물들을 말하며 포유류, 조류 등이 있어요. 무척추동물은 등뼈가 없는 동물로, 곤충, 거미, 지렁이가 있습니다.

브레이스맵

아래 예시를 봐. 트리맵이랑 비슷하게 생겼지? 브레이스맵은 부분과 전체의 관계를 정리할 때 쓰여. 트리맵이 분류*할 때 쓰인다면, 브레이스맵은 어떤 개념을 분석*할 때 사용된다고 생각하면 이해하기 쉬워. 브레이스맵은 왼쪽에 전체의 이름을 적고, 괄호({)를 이용해 그 전체를 이루는 주요 부분들을 나열하는 방식이야. 각 부분에 더 작은 구성 요소가 있다면, 그 옆에 또 괄호를 이용해 나열할 수 있어.

내용 곤충의 몸은 크게 세 부분으로 나누어져 있습니다. 머리에는 먹이를 먹는 입, 주변을 살피는 눈, 더듬이가 있습니다. 가슴에는 여섯 개의 다리가 달려 있으며 날개가 있어서 날아다닐 수 있습니다. 배 안에는 소화기관이나 숨 쉬는 기관 등 중요한 장기들이 있습니다.

* 분류:대상을 공통된 특징이나 기준에 따라 집단으로 묶는 것 ex) 시계의 종류: 벽시계, 손목시계, 탁상시계
* 분석:대상을 구성 요소로 쪼개어 각 요소의 관계를 파악하는 것 ex) 시계의 요소: 시침, 분침, 초침, 숫자

플로우맵

플로우맵은 어떤 일의 순서나 과정을 시간의 흐름대로 나타낼 때 쓰는 맵이야. 시간의 순서나 일정한 규칙을 정리할 때 유용하지. 첫 번째 칸에 가장 첫 시작을 적고, 화살표로 연결하며 다음 단계를 순서대로 적으면 돼. 칸 주위에 설명을 추가하여 적어도 좋아!

내용 우리나라 민주주의는 많은 노력으로 발전해 왔습니다. 1960년 4.19 혁명은 자유롭지 못한 선거에 맞서 학생들이 중심이 되어 일어난 민주 운동입니다. 이후 1980년 5.18 민주화 운동에서는 군사 정권에 맞서 시민들이 용감하게 민주주의를 외쳤습니다. 그리고 1987년 6월 민주 항쟁을 통해 국민들이 대통령을 직접 뽑을 수 있게 되었습니다.

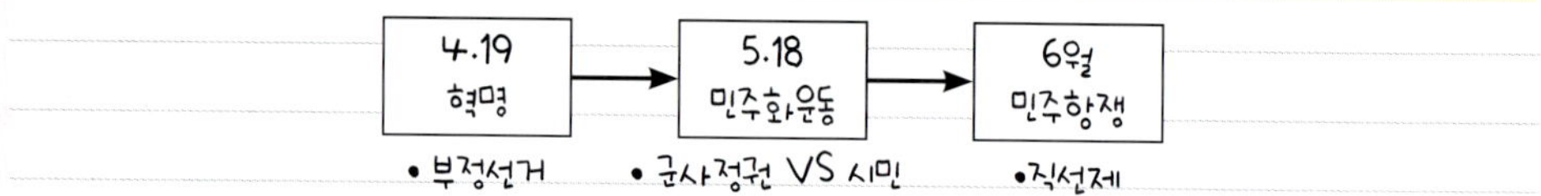

멀티플로우맵

멀티플로우맵은 어떤 일의 원인과 결과를 정리할 때 사용하는 맵이야. 플로우맵처럼 일이나 사건의 흐름을 정리하지만, 원인 결과가 강조된다는 특징이 있지! 가운데 칸에 정리하고 싶은 핵심 사건이나 문제를 적고, 왼쪽에는 그 사건의 원인을 오른쪽에는 그 사건 때문에 일어난 결과를 적으면 돼. 원인과 결과가 여러 개라면 화살표를 추가하여 적을 수 있어.

내용 강화도 조약은 1876년에 조선과 일본이 맺은 조약입니다. 이 조약이 맺어진 원인 중 하나는 일본이 군함 운요호로 강화도에 와서 포격 사건을 일으키며 조선에 문을 열라고 강하게 요구했기 때문입니다. 이 조약으로 부산 외 두 곳의 항구를 열어주게 되었습니다. 또한, 일본 사람이 조선에서 죄를 지어도 일본 법으로 재판받는 치외법권을 인정하는 등 불평등한 내용이 많았으며 일본의 영향력이 확대되었습니다.

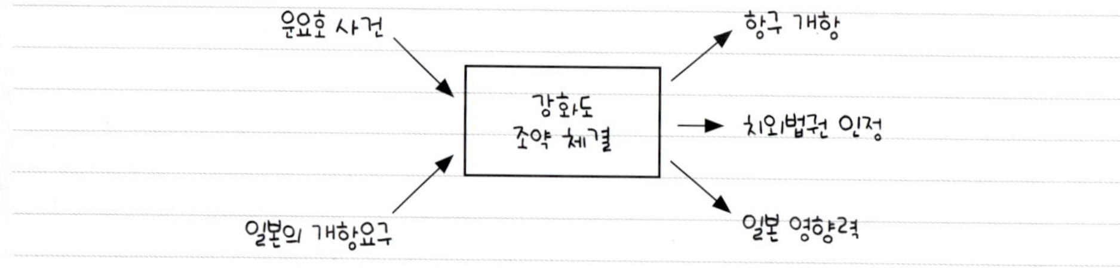

씽킹맵을 활용할 때 주의할 점

지금까지 살펴본 것처럼 씽킹맵은 간단한 도형과 단어 등으로 다양한 정보를 정리하는 거야. 씽킹맵을 활용하면 한눈에 보기 좋게 많은 내용을 한 번에 표현할 수 있다는 장점이 있지. 씽킹맵을 더 잘 활용할 수 있는 방법을 알아볼까?

① 욕심 버리기

씽킹맵을 잘 활용하려면 욕심을 버려야 해. 노트를 정리할 때 교과서에 나오는 모든 내용을 다 적어야 할까? 그렇지 않아. 중요한 단어나 내용에 집중해서 정리하는 게 훨씬 효율적이지. 씽킹맵을 활용할 때도 마찬가지야. 너무 많은 정보를 담으면 오히려 복잡해져서 어떤 내용을 정리했는지 알기 어려워. 불필요한 정보는 빼고, 정말 핵심이라고 생각하는 내용과 그 내용을 뒷받침하는 내용으로 구성하는 것이 좋아.

② 바르게 그리기

'보기 좋은 떡이 먹기도 좋다'라는 말 알지? 씽킹맵은 줄글처럼 정리하는 방식이 아니라 동그라미, 네모, 선 등을 활용해서 필기하는 거잖아. 선이나 도형을 바르게 그리지 않으면 오히려 지저분해져서, 노트 필기를 해두고도 다시 펼쳐보고 싶은 마음이 들지 않을 수 있어. 컴퍼스나 자를 꼭 사용하지 않더라도 그리드 노트를 활용해서 도형의 크기나 선의 길이를 일정하고 반듯하게 그리는 것이 좋아.

③ 맵을 말로 설명하기

씽킹맵은 맵을 완성하는 것만으로 끝나면 2% 부족해. 맵을 보면서 공부한 내용을 다시 글로 써보거나 말로 설명해 보는 것이 좋아. 단순히 도형과 단어로만 나타낸 내용을 눈으로 보기만 한다면, 정작 맵이 눈앞에 없을 때는 어떤 내용을 공부했는지 떠올리기 어려울 수 있어. 마치 선생님이 된 것처럼 맵의 단어나 설명을 하나하나 짚어가면서 어떤 내용인지 스스로에게 설명해 보는 시간을 가져 봐.

④ 필요하다면 변형하기

총 여덟 가지 종류의 맵이 있었지? 씽킹맵은 각각 정해진 모양과 목적이 있지만, 때로는 더 편하게 사용할 수 있도록 모양을 바꿔 봐도 괜찮아. 예를 들어, 화살표의 방향을 가로(→)에서 세로(↓)로 바꿔서 플로우맵을 그린다거나, 네모 칸 대신 번호를 매겨 간단히 정리해도 좋아. 처음에는 정해진 틀에 맞춰 내용을 채우는 연습을 하고, 익숙해지면 자신의 취향이나 노트 여백에 맞게 맵의 모양을 자유롭게 변형해 봐.

① 비교할 개념을 찾아요.
↓
② 공통점과 차이점을 정리해요.

촌락과 도시에는 여러 사람이 모여 살며 생활에 필요한 시설이 있습니다. 촌락에는 높은 건물이 많지 않으나 도시에는 높은 건물이 많습니다. 촌락은 자연환경을 이용한 산업이 발달했고, 도시는 물건을 만들거나 생활을 도와주는 산업이 발달했습니다.

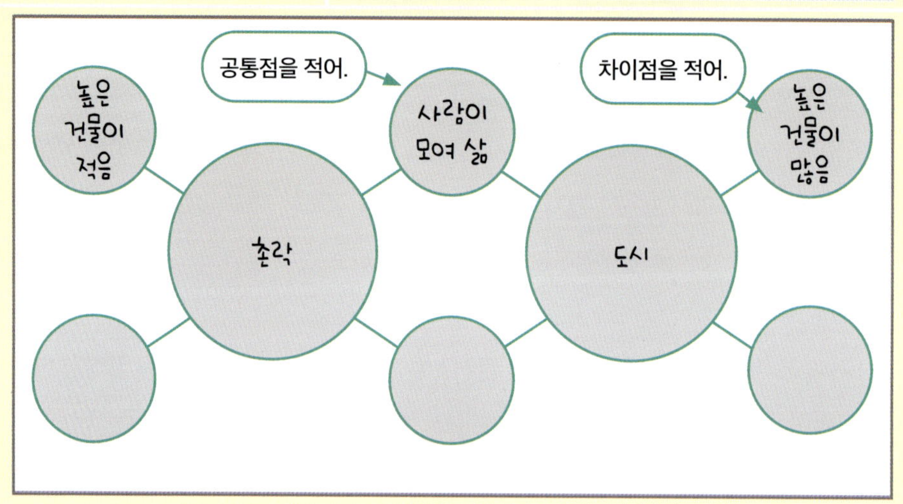

① 큰 주제를 찾아요.
↓
② 기준을 두어 작은 주제로 분류하여 정리해요.

우리 주변에 있는 물질의 상태는 서로 다릅니다. 나무 막대는 딱딱하고 손으로 잡을 수 있습니다. 물은 투명하고 흐르며 손으로 잡지 못합니다. 공기는 손에 잡히지 않습니다. 나무 막대와 물은 눈에 보이지만, 공기는 눈에 보이지 않습니다.

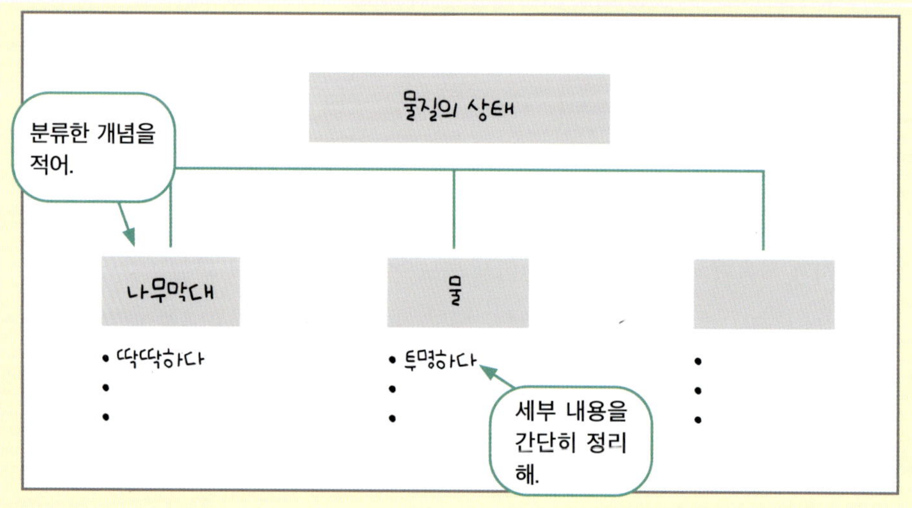

① 흐름을 파악해요.
↓
② 흐름의 순서를 정하고 화살표를 활용해 정리해요.

딱딱했던 씨가 부풀다가 뿌리가 먼저 나온다. 껍질이 벗겨지고 떡잎이 두 장 나오는데 시간이 지나면 떡잎 사이에서 본잎이 나옵니다. 본잎이 자라면 떡잎은 시듭니다.

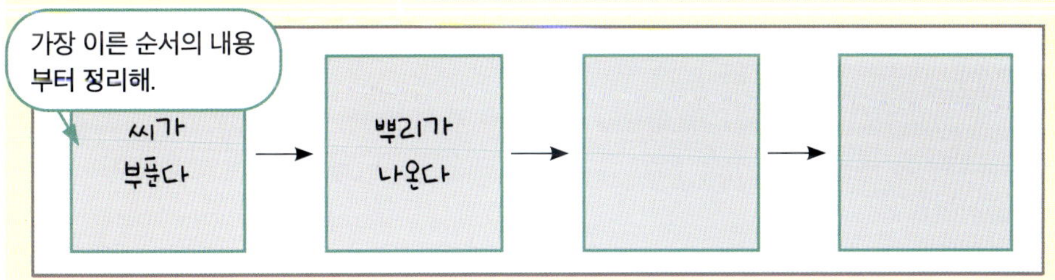

① 중심 사건을 설정해요.
↓
② 중심 사건이 일어난 이유(원인)와 사건의 결과를 정리해요.

3·15 부정선거로 인해 마산에서는 시위가 열렸고 김주열 열사가 죽은 채로 발견되었습니다. 그러자 수많은 시민과 학생들은 1960년 4월 19일 독재와 부정선거에 항의하는 시위를 벌였고, 그 결과 3·15 부정선거는 무효가 되었으며 이승만이 대통령직에서 물러났습니다.

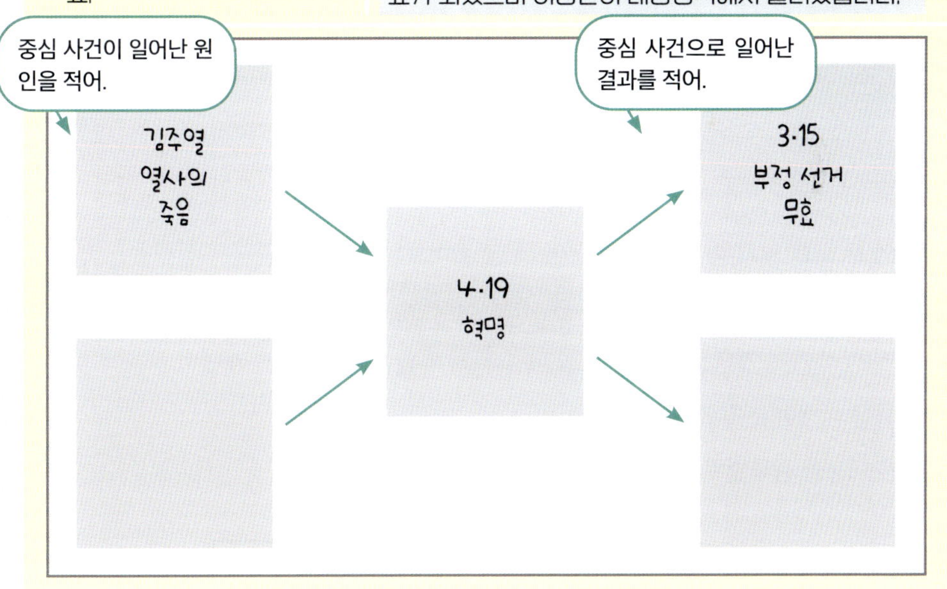

정보를 빠르게, 표와 그림 활용하기

내용이 많고 복잡한 단원일수록 정보를 쉽고 빠르게 정리하는 방법이 필요해. 그럴 때 도움이 되는 것이 표와 그림이야. 표와 그림을 활용하면 노트 내용이 훨씬 간결해지고 한눈에 들어오게 돼.

노트 필기에서 표를 사용하는 경우

① 여러 개념을 비교할 때

위의 두 노트 필기 중 어느 것이 눈에 더 잘 들어오는 것 같아? 줄글로 정리했을 때는 두 개념을 비교해 이해하기 복잡하지만, 표로 정리했을 때는 한눈에 비교가 되지? 표는 이렇게 여러 가지 개념을 서로 비교할 때 유용하게 활용할 수 있어. 개념이 한눈에 보이니 내용을 이해하고 외우기도 더 쉬워.

② 많은 내용을 종류별로 정리할 때

내용이 많고 복잡할수록 노트 정리가 어려워질 수 있어. 이럴 때는 비슷한 내용을 묶어서 정리하는 것이 좋아. 앞의 노트처럼 '기체의 이용'을 정리할 때는 어떤 기체인지에 따라 이름을 먼저 적고, 각각 어떤 용도로 쓰이는지를 표로 정리하면 한눈에 보기 쉬워져.

③ 시간 순서나 변화를 나타낼 때

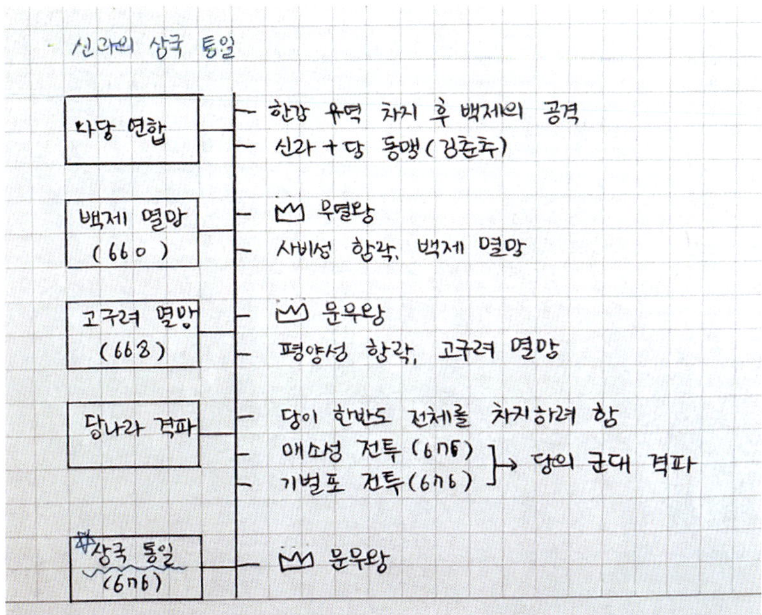

꼭 네모반듯한 틀의 형식을 갖춰야만 표라고 부르는 것은 아니야. 위의 표처럼, 역사적으로 일어난 사실을 일의 순서에 따라 나타낸 표를 '연표'라고 해.

표를 그릴 때 주의할 점

표를 그릴 때는 기준을 먼저 파악하는 것이 중요해. 어떤 기준(예: 온도)으로 표를 채우고 비교하거나 정리할지를 먼저 생각한 후, 표를 그려 내용을 채워야 해. 보통 기준은 표의 왼쪽(넣은 시약포지의 수)이나 윗부분(온도)에 쓰는 경우가 많아. 그리고 표를 그릴 때는 자를 사용해 반듯하게 그리는 것이 좋아. 표가 보기 좋고 깔끔해야, 그 안에 담긴 정보도 빠르게 이해할 수 있어. 이렇게 표는 복잡한 개념을 요약하고, 관계나 흐름을 한눈에 알아볼 수 있게 도와주는 좋은 도구야.

정리할 내용을 그림으로 나타내기

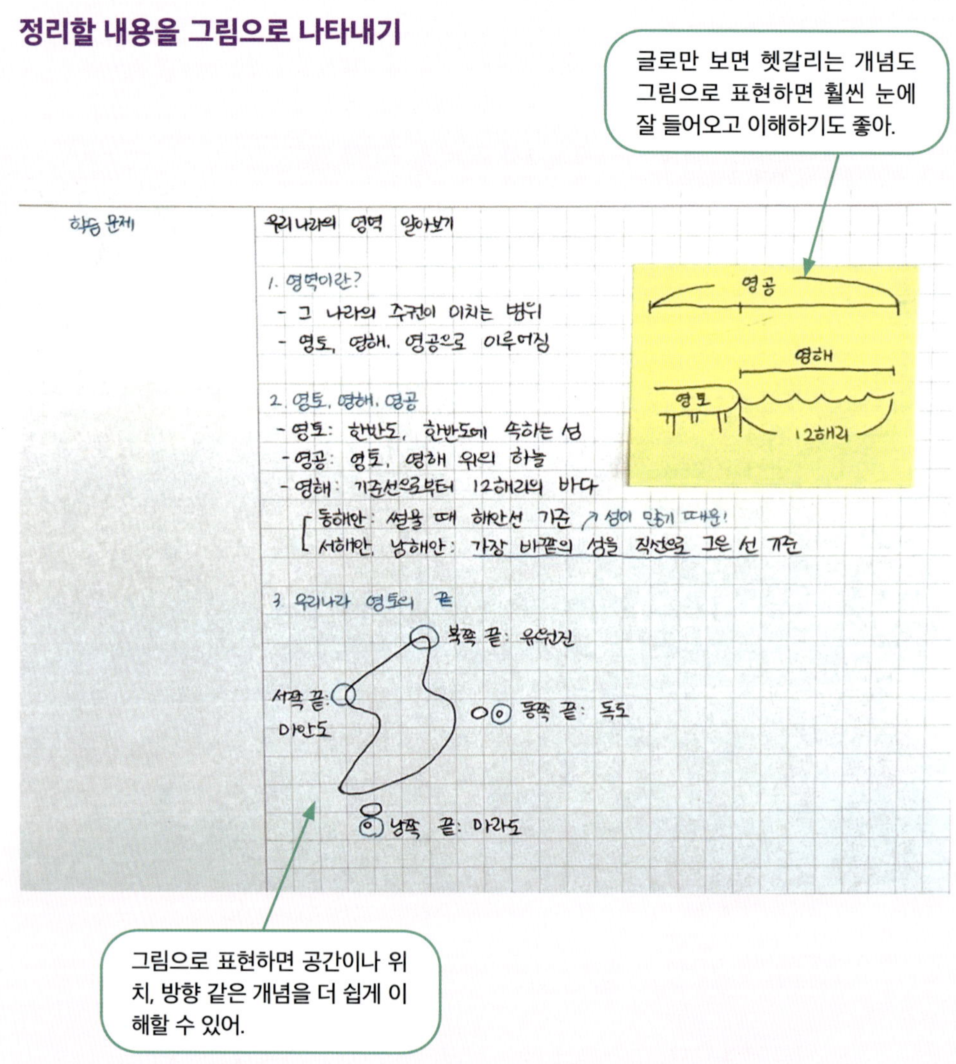

머릿속으로는 이해가 된 것 같은 개념도 막상 정리하려고 하면 말로 표현하기 어려울 때가 있어. 이럴 때는 직접 그림을 그려보는 것도 아주 좋은 방법이야.

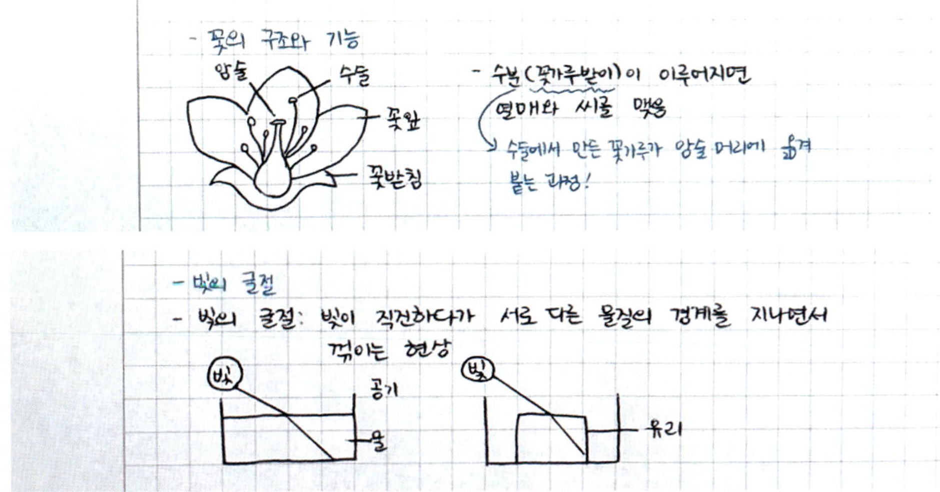

과학 과목처럼 실험 과정이나 결과가 중요한 과목은 그림으로 정리하면 훨씬 더 쉽게 이해할 수 있어. 그림을 그릴 때는 너무 상세하게 따라 그릴 필요는 없어. 특징을 간단히 살려서 표현하면 충분해. 상세한 내용을 그대로 옮겨야 할 때는 그림을 그리기보다는 오려 붙이기를 활용하는 것이 더 효과적이야.

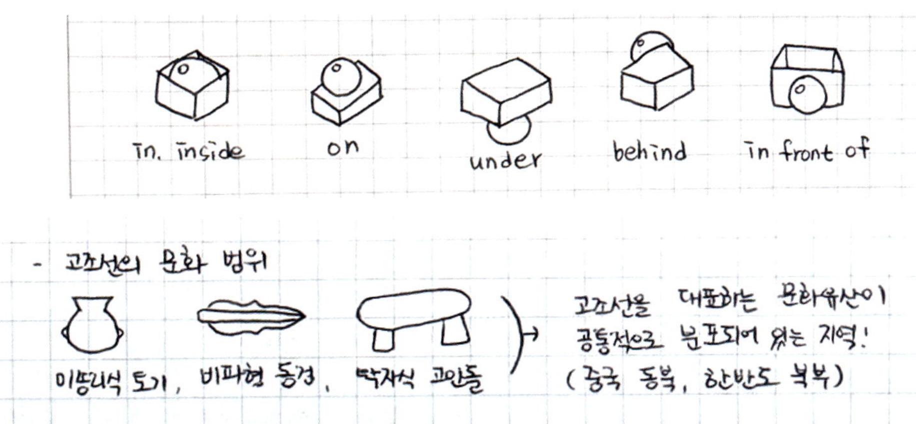

위와 같이 글과 그림을 함께 활용해 배운 내용을 빠르고 간단하게 정리하는 방법을 '비주얼 씽킹'이라고 해. 예를 들어 전치사가 나타내는 위치를 그림으로 표현하면 더 알아보기 쉽고, 고조선의 문화 범위도 지도로 보면 한눈에 들어오지? 어떤 내용을 그림으로 표현할지 생각하고, 그것을 어떻게 이미지로 나타낼지 고민하는 과정에서 배운 내용을 더 깊이 이해하고 오래 기억할 수 있게 돼.

복습에는 오려 붙이기

과목 복습을 위한 노트 필기를 할 때도, 오답 노트를 만들 때도 '오려 붙이기'는 아주 유용하게 사용할 수 있어.

복습을 할 땐 오려 붙이기!

과목 복습을 위한 노트 필기에서는 무엇을 오려 붙이는 게 좋을까? 바로 그림, 사진, 그래프 같은 자료들을 오려 붙이면 돼. 내용이 너무 복잡해서 옮겨 적거나 그리기 어려운 경우엔 오려 붙이는 것이 훨씬 효율적이지.

예를 들어 사회 과목에서는 그래프나 지도를, 문화재 같은 사진 자료를 오려 붙이면 좋아. 과학에서는 실험 장면이나 실험 결과 정리 그림을 붙일 수 있고, 영어에서는 너무 길어 옮겨 적는 데 시간이 오래 걸리는 지문을 오려 붙이면 시간과 노력을 절약할 수 있어. 그리고 대부분 시험지나 평가지가 흑백으로 출력되기 때문에 교과서나 문제집에 있는 컬러 사진을 흑백으로 복사해 오려 붙이는 것도 좋은 방법이야. 컬러일 때는 잘 보이던 것도 흑백이 되면 생소하게 느껴지고, 알고 있던 개념도 헷갈릴 수 있거든.

오답 노트에 오려 붙이기

오답 노트는 틀린 문제를 다시 틀리지 않도록 하기 위해 만드는 노트야. 그래서 문제를 오려 붙이고 풀이를 함께 적는 것이 좋아. 문제에 보기가 있다면 보기까지 포함해서 붙이는 것이 중요해. 단, 모든 틀린 문제를 오려 붙이기보다는 다시 풀었을 때도 틀린 문제를 중심으로 정리하는 게 좋아. 그리고 오답 노트를 만들 땐 여백을 충분히 두고 여유롭게 정리해야 해. 노트 왼쪽에 문제를 빼곡하게 붙이면 풀이를 쓸 공간이 부족해지기 때문이야. 오려 붙여서 오답 노트를 만드는 방법에 대해 살펴볼까?

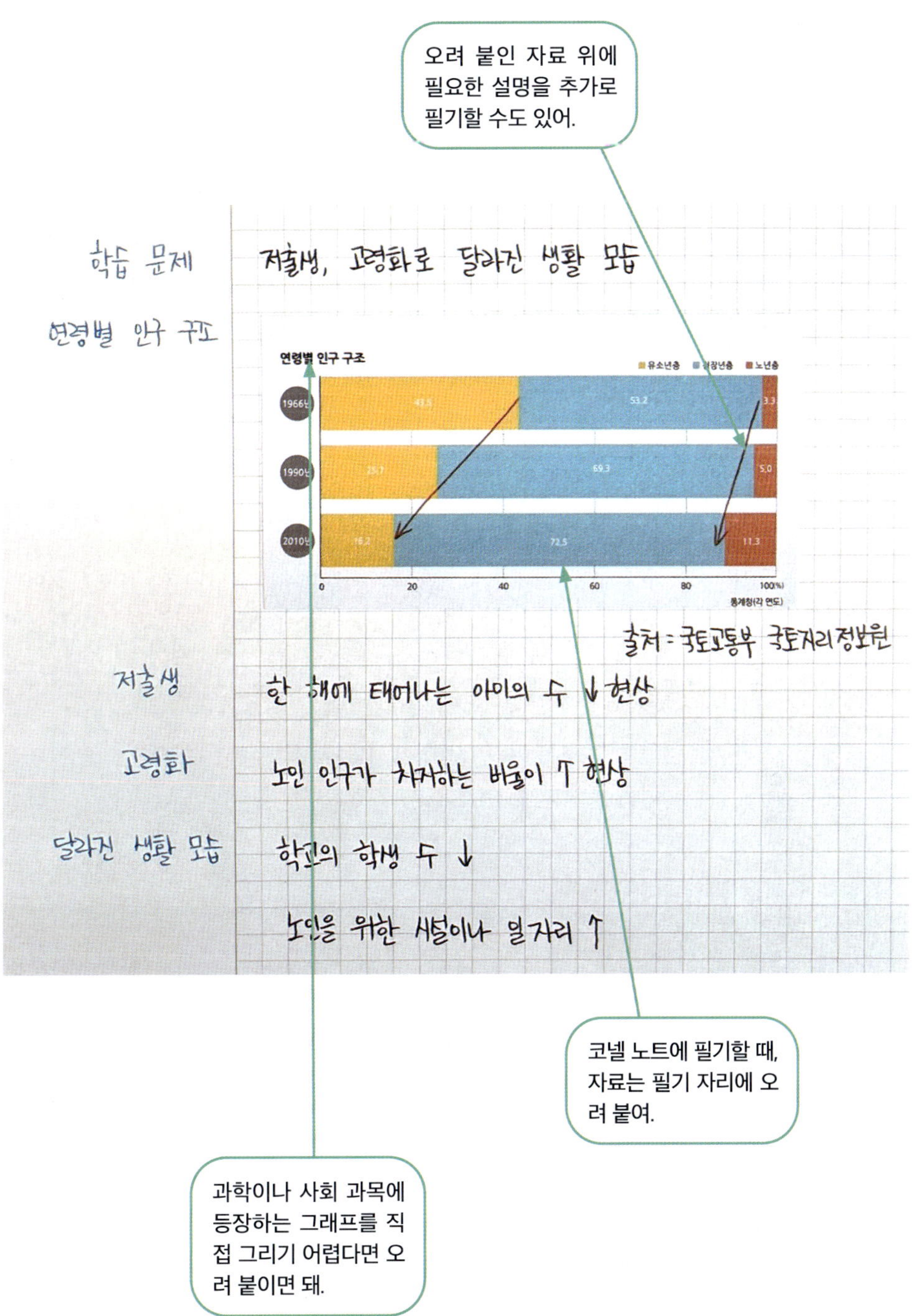
오려 붙인 자료 위에
필요한 설명을 추가로
필기할 수도 있어.

학습 문제

연령별 인구 구조

저출생, 고령화로 달라진 생활 모습

연령별 인구 구조
유소년층 장년층 노년층
1966년 43.5 53.2 3.3
1990년 25.7 69.3 5.0
2010년 16.2 72.5 11.3
0 20 40 60 80 100(%)
통계청(각 연도)

출처 = 국토교통부 국토지리정보원

저출생

고령화

달라진 생활 모습

한 해에 태어나는 아이의 수 ↓ 현상

노인 인구가 차지하는 비율이 ↑ 현상

학교의 학생 수 ↓

노인을 위한 시설이나 일자리 ↑

코넬 노트에 필기할 때,
자료는 필기 자리에 오
려 붙여.

과학이나 사회 과목에
등장하는 그래프를 직
접 그리기 어렵다면 오
려 붙이면 돼.

- **수학 오답 노트 오려 붙이기 예시**

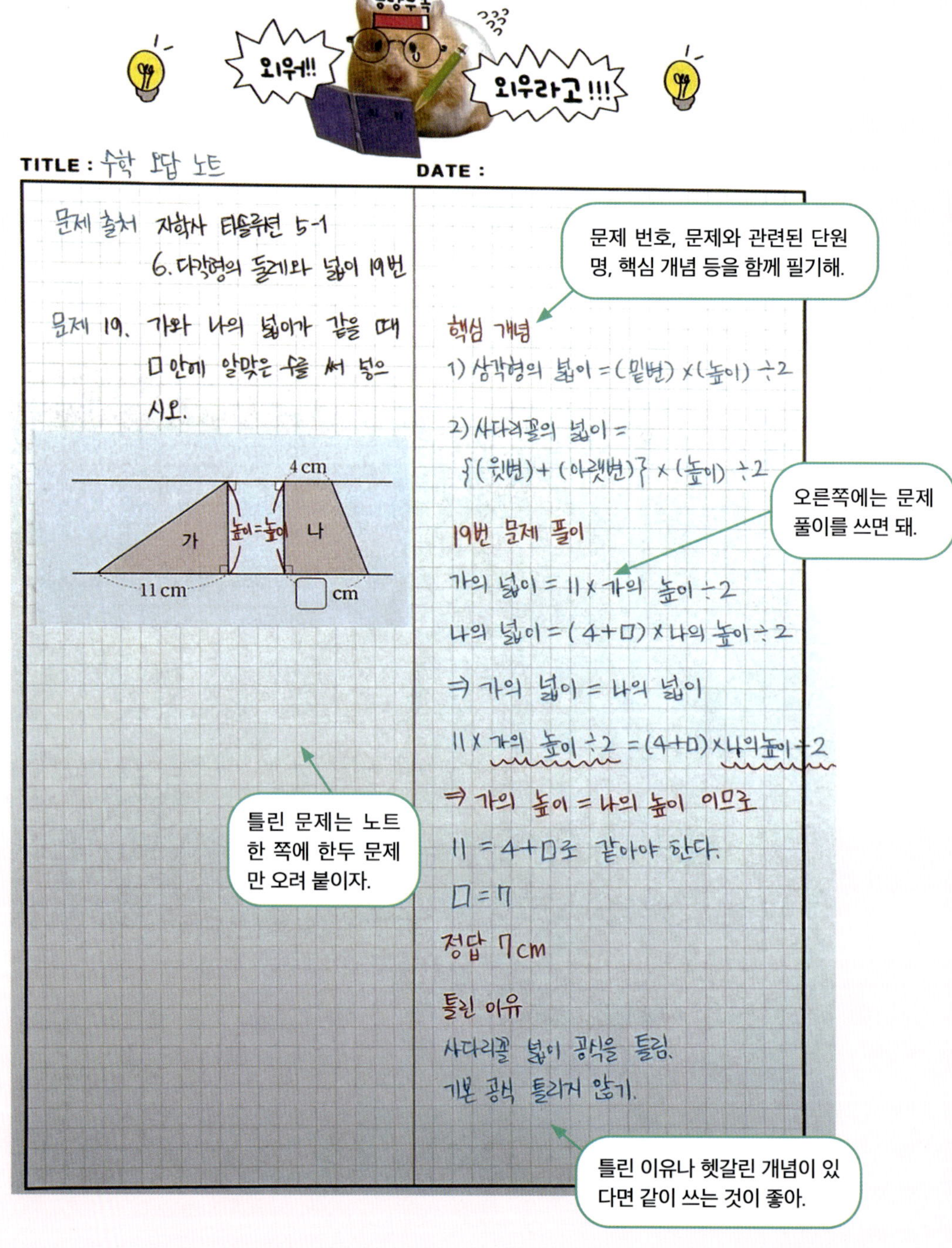

오려 붙일 자료의 기준

오려 붙이기를 하려면 먼저 붙일 자료가 있어야 해. 교과서나 문제집을 직접 오리기 어려울 경우엔 복사해서 오려 붙일 수 있어. 하지만 복사해서 오리는 것은 번거롭기도 하니까, 꼭 오려 붙일 가치가 있는 자료인지 먼저 생각해 보는 게 좋아. 무엇을 오려 붙일지 고민된다면 다음 세 가지 질문을 해 봐. 첫째, 디시 봐야 하는 자료나 문제인가? 둘째, 지난번에 틀렸는데 또 틀린 문제인가? 셋째, 시험에 나올 만한 중요한 자료나 문제인가?

오려 붙이기를 위한 준비물

오려 붙이기에는 가위와 풀이 필요하지. 가위는 손에 익은 편한 걸 쓰면 되고, 풀은 고체풀이면 대부분 괜찮아. 요즘에는 작은 종이를 붙이기 좋은 펜 모양의 풀이나 수정 테이프처럼 생긴 풀 테이프도 많이 써. 풀을 너무 많이 쓰면 종이 면과 면이 붙어버릴 수 있으니 조심해야 해.

출처: 다이소 캡식 풀 테이프

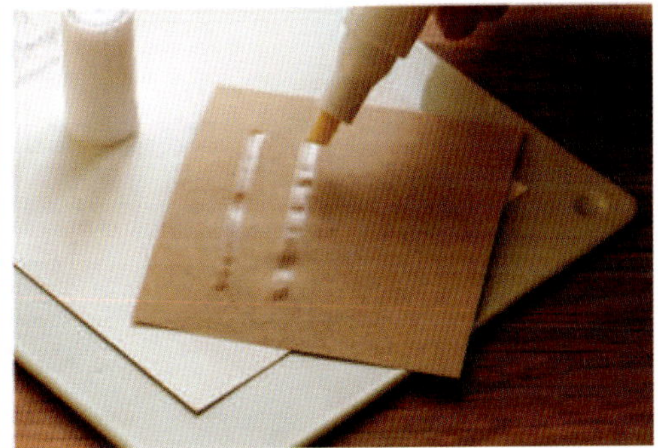

출처: 다이소 점착 메모 만드는 글루펜 5 ml

오려 붙이기로 만든 노트 100배 활용하기

문제를 오려 붙이기만 하고 끝낸다면 단순한 스크랩북일 뿐이야. 오려 붙이고 필기까지 했다면, 이제 그 노트를 활용해야 하지. 오려 붙이기로 만든 노트를 더 잘 활용하는 방법을 소개할게.

① 가리고 설명하기

사회 과목 복습을 위한 노트에 지도나 문화재 사진을 붙였다면 '가리고 설명하기' 방법을 사용해 볼 수 있어. 오려 붙인 사진을 가리고 내가 필기한 내용만 보고 어떤 사진인지 떠올리는거야. 또 반대로 필기한 내용을 가리고 사진만 본 후 사진과 관련된 내용들을 말해 보며 복습하는 거지.

② 틀린 문제 다시 풀어보기

이미 틀린 문제는 또 틀릴 확률이 높아. 그래서 오려 붙인 문제를 다시 풀어보는 것도 필요해. 다시 풀 때는 빈 종이에 풀었다가 오답 노트에 써둔 풀이와 비교해 봐. 오답 노트에 오려 붙이고 다시 풀어보았는데도 또 틀린 문제가 있다면 따로 표시해 둬. 추가로 보충할 개념이 있다면 포스트잇을 활용할 수 있어.

③ 시험 직전에 오답 노트 다시 보기

시험 직전에 단권화한 자료를 살펴보는 것도 좋지만 오답 노트를 보는 것도 도움이 돼. 여러 번 틀려서 따로 표시해 둔 문제들을 집중적으로 살펴봐. 시험 직전에는 시간이 넉넉하지 않기 때문에 표시해 둔 문제를 다시 풀어보려고 하면 안 돼. 이때는 그 문제들만 모아 풀이 방법만 빠르게 눈으로 훑어보는 거야. 이렇게만 한다면 이번에는 절대 틀리지 않을 거야.

오려 붙여 만든 노트는 단순한 정리용 노트를 넘어서, 최고의 복습 노트가 되어줄 거야.

나만의 노트 필기를 완성하고 싶다면 포스트잇을 자유자재로 활용할 수 있어야 해. 포스트잇에는 노트에 다 쓰지 못한 내용을 덧붙여 적을 수도 있고, 붙여 두었다가 나중에 떼어서 정리할 수도 있어. 노트 필기를 할 때 유용한 포스트잇 사용법을 소개할게.

포스트잇에 질문 적어두기

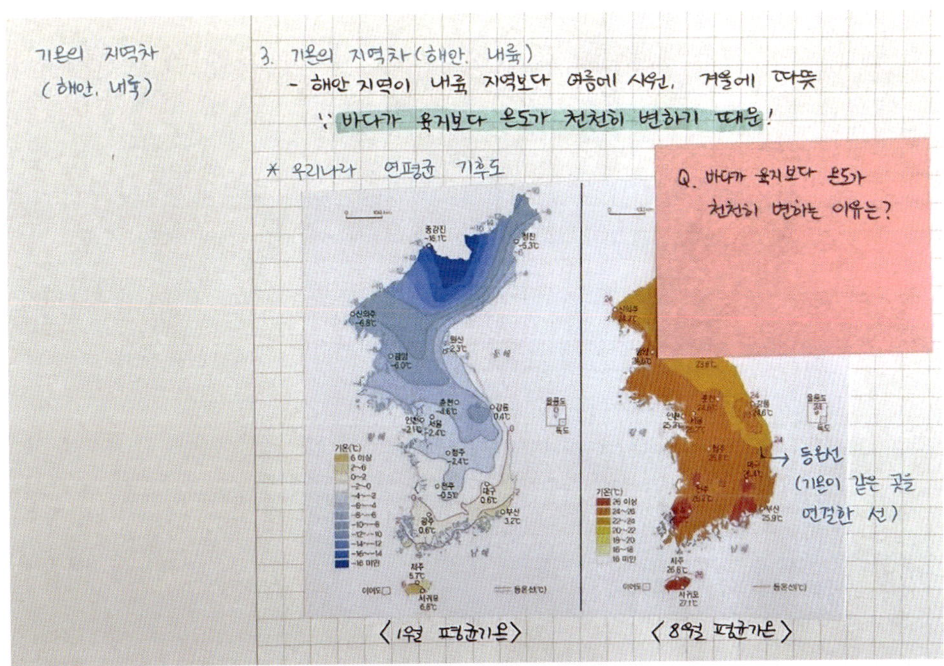

수업 중에는 분명 이해가 된 것 같은데, 혼자 노트 필기를 하려니 내용이 잘 이해되지 않았던 적 있어? 그럴 때는 질문을 그냥 넘기지 말고 포스트잇을 활용해 봐. 포스트잇에 궁금한 점이나 이해되지 않는 부분을 적어 두었다가 나중에 선생님께 여쭤보거나, 스스로 찾아서 답을 덧붙여 보는 거야.

헷갈리는 낱말이나 개념 보충하기

가끔 낱말이나 개념의 뜻이 헷갈릴 때가 있어. 노트에 보충해서 필기하자니 공간이 부족하거나, 크게 중요한 내용이 아닌 것 같아 망설여질 수도 있지. 그럴 땐 포스트잇이 제격이야. 나중에 한눈에 다시 확인하기도 좋고, 낱말의 뜻을 확실히 이해했을 때는 떼어서 정리할 수도 있어. 잘 안 외워지는 영어 단어를 적어 붙여두는 것도 추천해.

여러 가지 종류의 포스트잇 활용하기

포스트잇은 노트 필기를 도와주는 보조 도구로도 활용할 수 있어. 흐름이 중요한 역사 단원을 공부할 때는 연표를 포스트잇에 적어 붙이면 사건 간의 인과관계를 쉽게 파악할 수 있어. 수학에서 다양한 그래프 예시를 나타내고 싶다면 격자무늬가 있는 포스트잇을 활용할 수 있어. 무지 포스트잇뿐만 아니라 줄이 있는 것, 지도가 그려진 것 등 여러 종류의 포스트잇이 있으니 상황에 맞게 다양하게 활용해 봐.

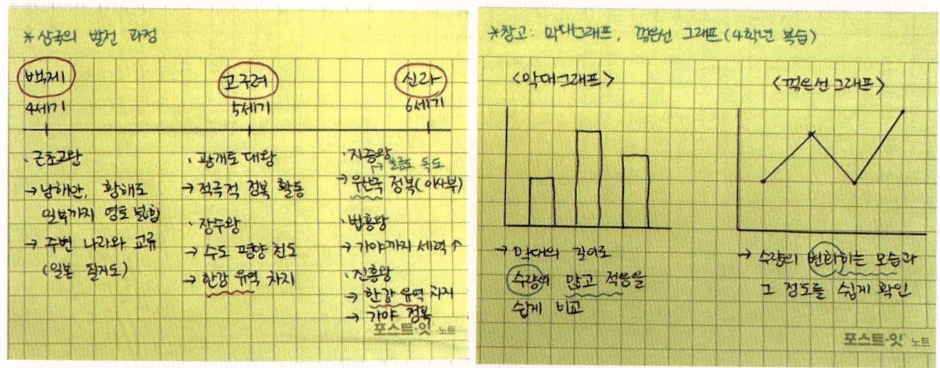

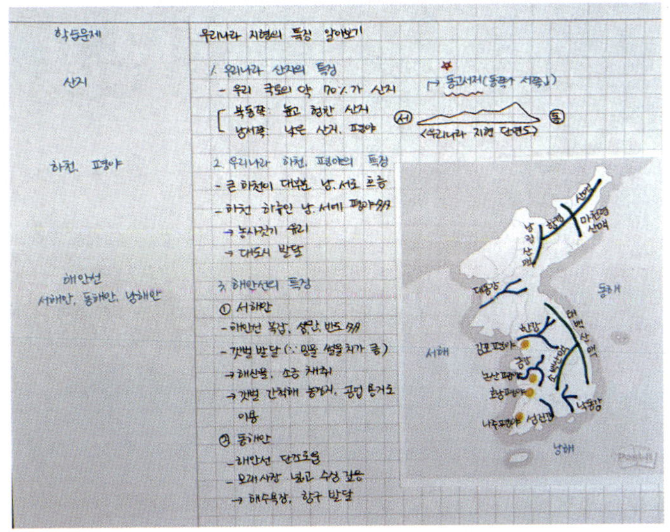

복습하며 공부한 내용 보충하기

노트 필기는 한 번 쓰고 끝나는 것이 아니라, 계속 펼쳐 보며 공부하고 내용을 보충해야 해. 이때 포스트잇은 아주 유용하게 쓰여. 꼭 기억해야 할 문제나 다시 풀어야 할 문제가 있다면 포스트잇에 따로 써서 관련 내용 옆에 붙여 봐. 복습할 때마다 다시 확인할 수 있고, 정답을 더 확실하게 기억할 수 있어.

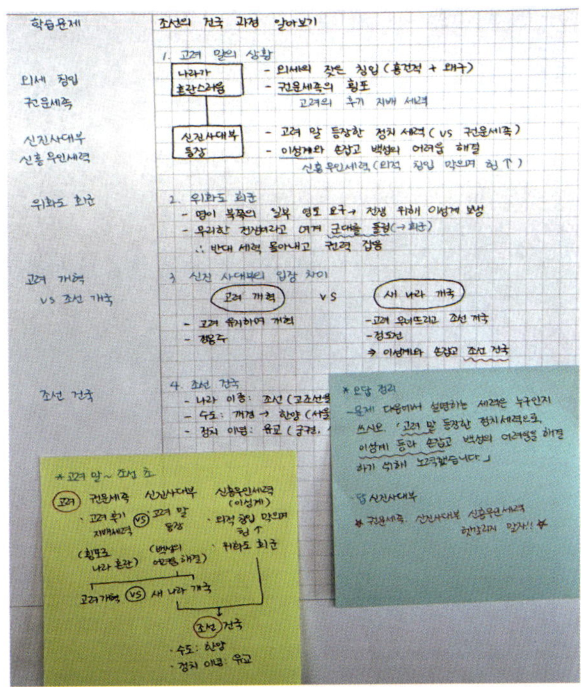

교과서 노트 필기에 활용하기

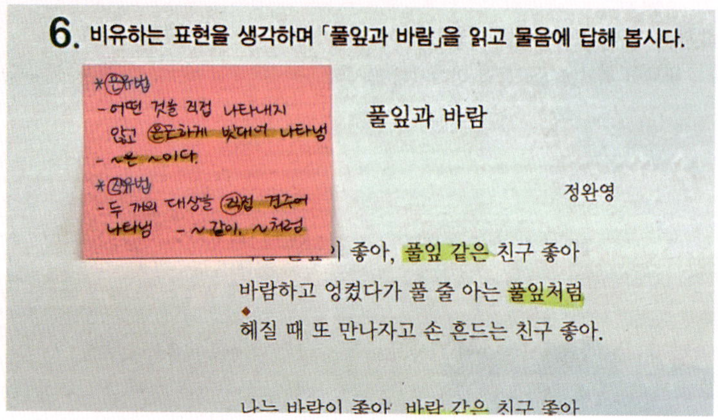

수업 중 선생님의 설명이나 칠판에 정리된 내용을 교과서에 바로 필기할 때가 있지? 그 내용을 교과서가 아닌 포스트잇에 먼저 필기해 두면, 그대로 내 노트로 옮겨올 수 있어서 훨씬 효율적이야. 포스트잇만 따로 모아서 복습 자료로 활용할 수도 있어.

학습 목차로 활용하기

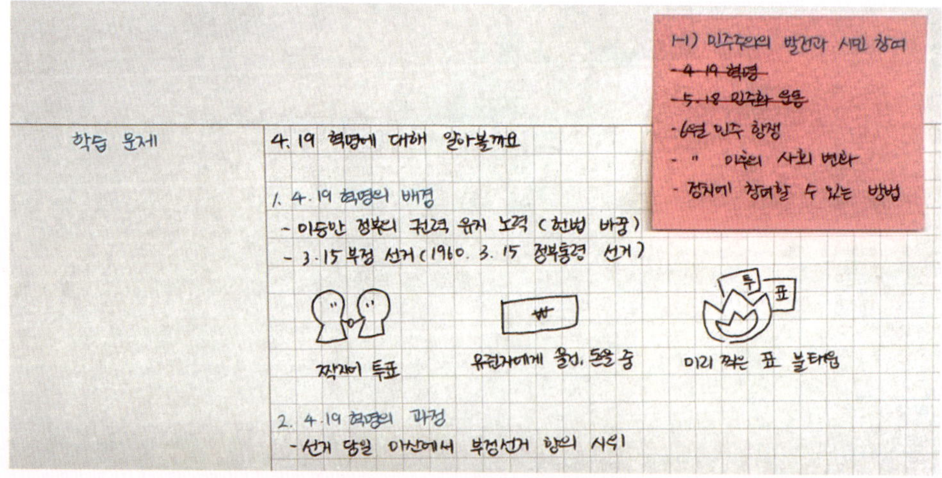

새로운 단원의 노트 필기를 시작할 때, 포스트잇으로 목차를 만들어 보는 것도 좋아. 차시별 목표를 포스트잇에 적어 두고, 각 차시의 필기를 끝낼 때마다 가로선을 하나씩 그어 봐. 얼마나 남았는지 한눈에 볼 수 있고, 하나씩 완성해 가는 뿌듯함도 느낄 수 있을 거야.

빈칸 퀴즈로 활용하기

포스트잇의 쉽게 붙였다 떼는 특성을 활용하면 빈칸 퀴즈로도 활용할 수 있어. 예를 들어 중요한 핵심 개념이나 정답을 포스트잇으로 가려 두고 퀴즈처럼 읽어보는 거야. 반투명 포스트잇을 사용해 그 위에 매직펜으로 중요한 단어를 가려 쓰면 훨씬 편리해. 굳이 필기에 빈칸을 따로 만들지 않아도 손쉽게 복습할 수 있어.

이렇게 다양한 방법으로 활용할 수 있는 포스트잇! 포스트잇을 자유롭게 활용하는 습관은 노트 필기의 꽃이라고도 할 수 있어. 포스트잇으로 생각을 붙이며 너만의 활용법을 하나씩 찾아가 보자!

선생님만의 집중 방법을 알려주세요

윤 _ 공부가 잘 되는 시간은 언제일까요? 언제 가장 집중이 잘됐는 지 들어보고 싶어요.

좌 _ 저는 밤 8시부터 12시 사이가 제일 집중이 잘됐어요. 밤이 주는 고요함이 좋았거든요. 또 공부를 끝내고 나면 잘 수 있다는 생각 때문에 늦은 저녁에 더 열심히 공부했던 것 같아요. 뭔가 끝나면 보상이 있다는 느낌이 있어서요.

휘 _ 저도 늦은 시간이 제일 집중이 잘 돼서, 가족들이 잠자리에 들면 혼자 공부하러 거실로 나와 앉곤 했어요. 또 짧지만 강하게 집중됐던 시간은 목욕할 때나… 조금 냄새 나지만 화장실에 갔을 때요. 일부러 잘 외워지지 않는 개념을 필기해 화장실에 들고 들어간 적도 있어요.

주 _ 와, 화장실까지…! 대부분 저녁이나 밤 시간대에 집중이 잘된다고 느끼셨군요. 저는 아침에 학교 가자마자, 다른 친구들 등교하기 전 30분이 집중이 가장 잘됐어요. 아무도 없는 교실에서 혼자 공부를 시작할 때 몰입이 잘 되더라고요. 그 시간에 전날 쓴 노트를 보면서 중얼중얼 공부했는데, 칠판에 끄적이며 선생님처럼 공부하니 더 효과적이었던 것 같아요.

윤_ 아침에 공부하는 것도 좋은 방법이네요. 아침이 집중력이 가장 높은 시간으로 알려져 있기도 하잖아요. 뇌가 새로운 정보를 받을 준비가 되어있는 시간대라서!

순공 시간을 꼭 확인해야 할까?

휘_ 승협쌤, 밤 8시부터 12시까지 공부하셨다고 하셨는데, 그럼 순공 시간만 4시간이셨던 거예요?

좌_ 네, 밤 4시간과 밥 먹기 전 오후 4시부터 6시까지 2시간 해서 총 6시간 정도 공부했어요. 학교생활 할 때 기준이에요.

윤_ 와~ 다들 순공 시간을 재면서 공부하셨나요?

주_ 저는 순공 시간 기록 앱을 깔아서 체크했어요. 얼마나 오래 앉아 있었는지가 아니라, 진짜 집중한 시간을 확인하는 게 중요하다고 생각해서요.

좌_ 저는 달력 아래에 매일 순공 시간을 적었어요. 4시간, 3시간 10분 이런 식으로요.

주_ 이번에는 잘하는 과목 말고, 좀 못했던 과목 이야기해 볼까요? 부진한 과목을 극복하기 위해 어떤 공부를 하셨는지, 선생님들만의 팁도 궁금해요!

윤_ 저는 중간에 딴생각하거나 졸기도 해서 순공 시간을 재진 못했어요. 대신 '자정까지는 00쪽까지 공부하자.'는 식으로 목표를 정해놓고 공부했어요.

좌_ 윤희쌤처럼 목표를 정해놓고 공부하는 게 집중에 큰 도움이 되는 것 같아요. 사람마다 목표는 다르지만, '이 목표만큼은 꼭 지키자'는 마음이 집중력으로 이어지는 것 같아요.

윤_ 스톱워치를 사용해서 순공 시간 재는 친구들이 많았는데, 저는 집중해야 할 일이 있을 땐 뽀모도로 타이머를 썼어요. 짧은 시간이지만, 확실하게 집중하자는 마음으로요.

휘_ 저도 순공 시간을 재면 그때부터 스트레스가 시작됐어요. 완벽하게 집중한 시간만 측정하는 것도 어렵고, 다른 친구들의 기록을 보면서 괜히 비교되고 속상하더라고요. 그래서 윤희쌤처럼 목표량을 정해놓고 그걸 해치우는 방식으로 공부했어요. 시간보다 목표를 달성했다는 성취감이 더 크더라고요.

주_ 순공 시간은 확인하고 체크하는 것보다 '내가 순수하게 공부에 집중하는 시간을 만들겠다. 유지하겠다!' 라는 마인드가 더 중요한 것 같긴 해요.

집중이 안될 때는

좌_ 맞습니다. 혹시 집중이 안 될 때, 다시 집중력을 끌어올리기 위해 했던 방법이 있나요?

윤_ 제일 간단하고 효과적인 건 스트레칭이었어요. 그래도 안 되면 자습실 복도 한 바퀴 돌고 오기! 친구들과 잠깐 수다 떠는 것도 좋지만, 시험 기간엔 시간 가는 줄 모르니 자제했어요.

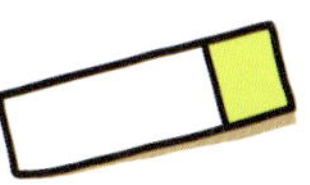

주_ 저는 과목을 바꿔보는 게 가장 좋았어요. 한 과목만 하다 보면 금방 집중력이 떨어지거든요. 플래너에 할 일을 적어두고, 집중이 안 된다 싶으면 바로 다른 과목으로 넘어갔어요. 윤희쌤처럼 스트레칭도 하고, 물도 마시고 잠깐 환기하는 시간도 가져보고요.

윤_ 좋은 방법이네요. 저는 집중 안 될 땐 새로운 내용보다는 오답노트를 복습했어요. 이미 한 번 봤던 내용이니까 부담도 덜하고, 반복하면 도움도 되니까요.

좌_ 다들 뭔가 건강한 방식이네요. 저는 자판기에서 음료수 떨어지는 소리를 좋아했어요. 집중 안 될 때마다 캔커피나 포도음료 하나 사 마시고 돌아오곤 했어요.

휘_ 저는 알람 맞춰두고 10~20분씩 조각잠을 잤어요. 잠이 오지 않으면 그냥 눈만 감고 쉬다가 다시 공부했는데, 그러면 새벽까지도 공부할 에너지가 생겼던 것 같아요. 원래 잠이 없는 체질이라 가능한 방법이었어요.

좌_ 잠이 없다니 부럽네요. 저도 너무 졸릴 땐 쪽잠처럼 10분 정도 눈 붙이고 나면 확실히 집중이 잘됐던 것 같아요.

주_ 저는 ‘10분만 자야지’ 했다가 한 시간을 자서… 잠은 못 줄였던 것 같아요. 대신 집중 안 될 땐 그날의 노래를 듣는 게 효과적이었어요. 플레이리스트에 있는 노래 중 그날 기분에 맞는 걸 하나 정해서, 플래너에 적어두고 집중 안 될 때 들었죠. 그러면 다시 힘이 나더라고요.

스마트폰을 관리하는 법

좌_ 요즘 학생들이 집중이 안 되는 이유가 책상 위가 어질러져 있거나, 스마트폰 때문인 경우가 많은 것 같아요. 집중을 위해 스마트폰을 끄는 게 정말 중요할까요? 학생들에게 도움이 될 만한 방법이 있을까요?

휘_ 아까 윤희쌤이 말한 뽀모도로 타이머는 정말 집중에 도움이 돼요. 사실 요즘은 일할 때도 그걸 자주 써요. 눈에 보이는 제약이 없으면 자꾸 스마트폰에 손이 가니까요.

주_ 저는 매일 '스크린 타임' 목표를 정해두고 지키려고 했어요. 예를 들어 하루 2시간 이상은 스마트폰 보지 않기! 대신 그 시간이 남아 있다면, 잠깐 쉬는 용도로 쓰기도 했어요. 혹은 해야 할 일을 끝내면 보상처럼 10분 알람을 설정해 두고 스마트폰을 보는 식으로요.

윤_ 공부하다가 잠시 쉬는 시간을 가지기 위해서 좋아하는 예능이나 드라마를 보는 게 나쁘지는 않지만 잠깐 쉬려고 보는 영상이 자칫 공부를 방해할 수도 있어서, 자제력이 부족하다고 느끼면 처음부터 멀리 두는 것도 필요해요.

좌_ 맞아요. 스마트폰도 마찬가지예요. 전 학생들이 공부할 땐 스마트폰 전원을 끄고 멀리 두는 걸 추천해요. 요즘 학생들은 조금만 집중하다가도 습관처럼 스마트폰을 만지작거리거든요.

주_ 저는 너무 멀리 두면 오히려 더 신경 쓰이더라고요. 그래서 책상 서랍 정도에 넣어두고 공부했어요.

휘_ 맞아요. 공부하다가 자꾸 스마트폰 생각이 나면, 그냥 과감하게 이별하는 게 좋아요.

주_ 어른들도 스마트폰 자제하기가 어렵죠. 그렇지만 스마트폰 잘 쓰면 공부에 도움이 되기도 하는 것 같아요. 예전에는 스마트폰이 없어서 전자사진이나 두꺼운 한영사전 다 들고 다니기도 했는데, 요즘엔 스마트폰으로 공부하는 방법도 많이 나오더라고요!

좌_ 디지털 기기와 멀어지는 것도 집중을 위한 좋은 방법 같아요. 인강 들을 때는 인강에 집중해야지, 다른 창을 띄운다거나 하면 안 되잖아요.

주_ 저는 아이패드로 공부할 땐 일부러 SNS 같은 앱은 설치도 안 했어요. 그렇게 하면 놀 궁리를 아예 막을 수 있더라고요.

휘_ 얼마 전에 연수를 들으러 갔는데, 한 선생님이 노트북으로 강의 내용을 녹음하고, 동시에 텍스트로 필기하는 걸 보고 놀랐어요. 디지털 기기도 잘 활용하면 도움이 되는 것 같아요.

윤_ 디지털 기기라고 해서 다 집중력을 흐뜨러 뜨리는 건 아니니까요!

좌_ 디지털 기기는 정말 양날의 칼 같아요.

3장

과목이 다르면 정리 방법도 달라져!

과목별 노트 전략

글쓴이가 전하고자 하는 내용을 구조적으로 정리하자

국어 과목의 문학 영역에서는 이야기나 시를 통해 글쓴이가 전하고자 하는 내용을 파악하는 게 중요해. 글의 주제와 흐름, 구조를 정리하고, 이를 바탕으로 학습 문제를 해결하는 능력을 키우는 게 핵심이야.

시의 구조와 내용 정리하기

시를 정리할 때는 먼저 시의 구조부터 살펴봐. 시가 몇 연으로 이루어져 있는지, 전체 몇 행으로 구성되어 있는지 확인한 다음, 중요한 내용이 있는 연과 행에 표시를 해두면 좋아.

예를 들어 '인물이 추구하는 가치'를 알아봐야 할 때는 글쓴이의 생각이 드러난 부분에 표시하고, '비유법'을 중심으로 공부할 땐 직유, 은유, 의인법 같은 표현이 잘 드러나는 구절을 따로 표시해 두는 게 좋아. 중요한 부분은 빨간색 펜으로 표시하면 한눈에 들어오고, 복습할 때도 더 효과적이야.

시는 글쓴이의 감정이나 생각을 함축해서 표현하는 경우가 많기 때문에, 무슨 뜻인지 바로 이해되지 않을 때도 있어. 그럴 땐 파란색 펜으로 설명을 덧붙여 필기하면 더 잘 이해할 수 있어.

이야기의 흐름 요약하고 인물 관계도 정리하기

이야기 글을 정리할 때는 모든 내용을 다 쓰기보다는, 핵심만 간단히 정리하는 게 좋아. '누가', '언제', '어디서', '무슨 일이 있었는지'를 중심으로 간단하게 요약하거나, 중요한 부분은 복사해서 붙이는 방법도 있어.

인물이 많고 관계가 복잡한 이야기에서는 인물 관계도를 활용하는 게 도움이 돼. 인물의 이름을 쓰고 선으로 연결하면서 인물 간의 감정이나 갈등을 파란색 펜으로 간단히 정리해 봐. 중요한 장면이나 갈등은 말풍선 안에 정리하면 더 보기 쉽고 기억에 잘 남을 거야.

- **시의 구조와 내용을 노트에 정리하기**

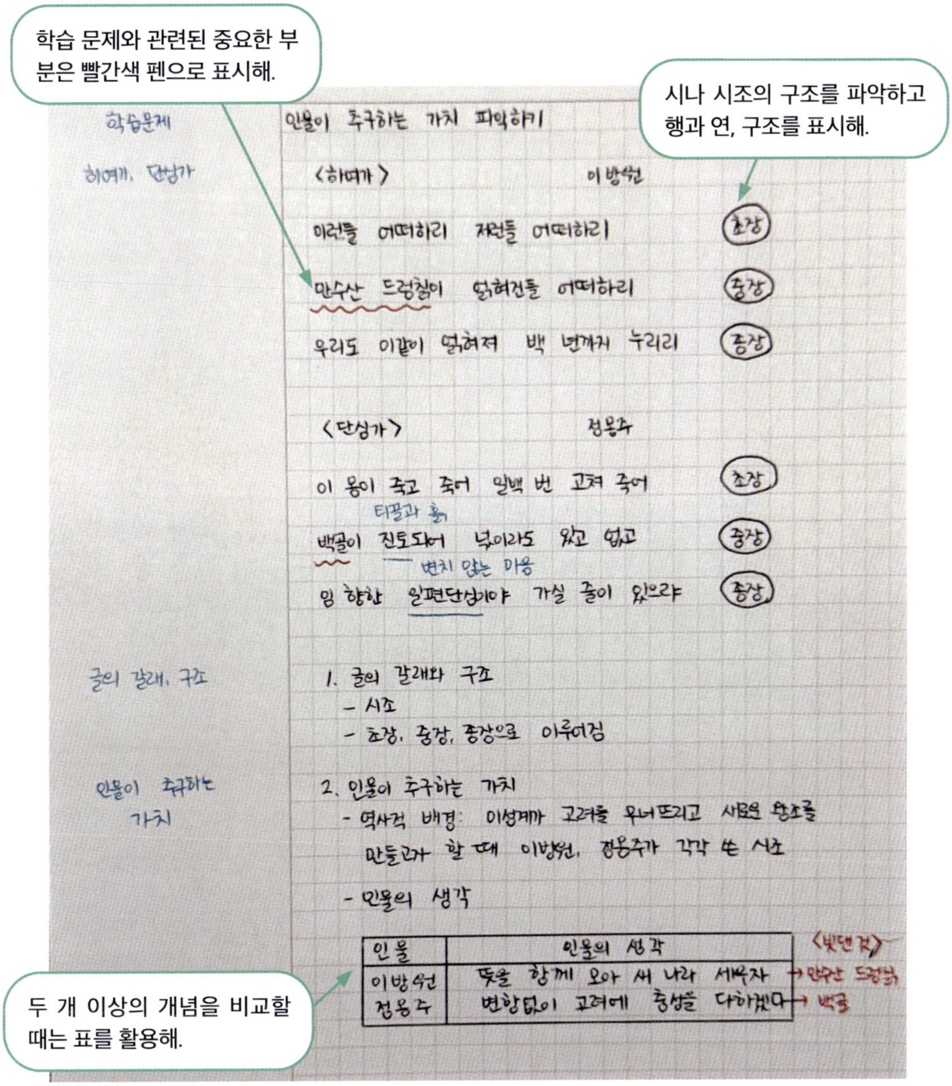

- **인물의 관계를 노트에 정리하기**

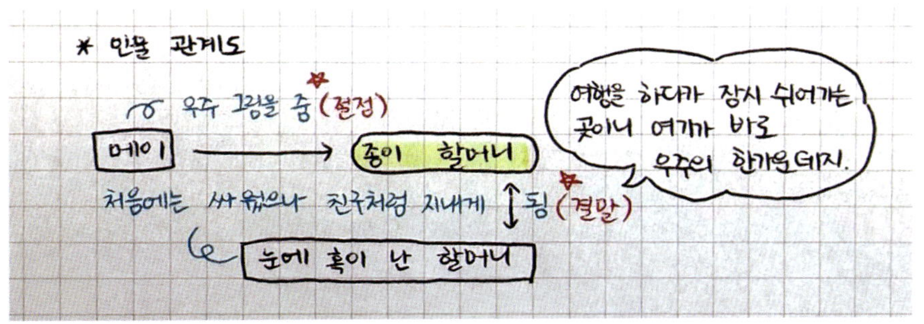

문법은
체계적으로 정리하자

국어 시간에 배우는 문법 영역은 단순히 읽고 이해하는 걸 넘어서 머릿속에 정확히 저장해야 해. 맞춤법, 호응 관계, 관용 표현은 비슷한 내용이 많아 헷갈리기 쉬우니까, 체계적으로 정리하고 반복해서 복습하는 게 중요해.

비교와 예시 활용하기

맞춤법은 글자가 비슷한 형태지만 뜻이 전혀 다른 경우(예: '든'과 '던')나, 발음은 같지만 표기 방식이 다른 경우(예: '되'와 '돼')가 많아서 헷갈릴 수 있어. 이런 내용은 꼭 비교와 예시를 함께 정리해 두는 게 좋아.

든 vs 던	안 되 vs 안 돼
– 든: 선택 → 예) 집에 가든지 학교에 가든지 – 던: 과거 → 예) 내가 좋아했던 친구	– 되= 하 → '안 되요'는 '안 하요'가 아니니까 ✕ – 돼= 해 → '안 돼요'는 '안 해요'니까 ○

• 색을 활용하기

문법에서 자주 나오는 주어, 서술어, 시간, 높임 표현 같은 문장 성분은 색을 활용해서 구분하며 필기하면 더 쉽게 이해되고 잘 기억돼.

시간을 나타내는 말	동작을 당하는 주어
높임의 대상을 나타내는 말	서술어

- 선생님께 편지를 드렸다.

- 동생이 형에게 업혔다.

- 나는 어제 책을 잃었다.

| 학습문제 | 문장을 구성하는 성분 알기 |

주어
- 동작이나 상태의 주체가 되는 말

    ex) 무엇이, 누가
       ↓   ↓
    사탕이   내가

서술어
- 주어의 움직임, 상태, 성질을 풀이하는 말

    ex) 무엇이다, 어찌하다, 어떠하다
        ↓   ↓   ↓
    사탕이다   먹었다   달콤하다

목적어
- 동작의 대상이 되는 말

    ex) 무엇을
        ↓
    사탕을

> 형광펜은 중요한 단어를 표시할 때 쓰기도 하지만, 내용을 구분할 때 활용하기 좋아. 너무 쨍한 색보다는 파스텔 톤의 형광펜을 활용해 보는 것을 추천해.

문장에 꼭 필요한 낱말
- 주어 + 서술어
- 주어 + 목적어 + 서술어

) 서술어에 따라 목적어가 필요하기도 하고 필요없기도 함

> 공부한 내용을 바탕으로 예시를 만들어 봐. 한눈에 핵심 개념이 보이도록 써 보는 거야.

예문
① 사탕이 달콤하다
    ↓   ↓
   주어 서술어

② 내가 사탕을 먹었다
   ↓   ↓   ↓
   주어 목적어 서술어

독서 노트로 생각을 정리하자

독서를 하면 직접 겪지 못한 일을 간접적으로 경험하고, 교과서 밖의 세상을 만나며 어휘력도 키울 수 있어. 하지만 기록 없이 책만 읽으면 내용을 쉽게 잊게 되지. 독서 노트를 쓰면 내용을 한 번 더 생각하고, 감상을 정리하며 스스로 생각하는 힘을 기를 수 있어.

독서 노트에 쓸 내용 정하기

책을 읽은 날짜	책 제목	저자
출판사	책에서 인상 깊은 문장	이야기의 줄거리, 핵심 내용
책을 읽으며 떠오른 생각	책을 읽고 새로 알게 된 것	책에 대한 나만의 평점

내 생각을 남기기

독서 노트의 핵심은 읽은 내용을 나의 것으로 만드는 거야. 그래서 남들에게 보여주기 위한 내용이 아닌 내가 기록하고 싶은 내용을 기록해야 해. 책을 읽은 후 나의 생각과 느낌이 가장 중요하지. 그리고 독서 노트에는 읽은 내용을 요약해 써야 하기 때문에 간추리기를 연습하기에도 좋아.

책의 종류에 따라 다르게 노트 필기하기

만약 동화책을 읽는다면 독서 노트에 이야기의 줄거리를 요약하여 쓸 수 있어. 과학 지식이 담긴 책을 읽는다면 줄거리가 아닌 핵심 내용을 쓸 수 있지. 책의 종류에 따라 유연하게 독서 노트에 쓸 내용을 정해 봐.

효율적으로 기록하기

독서 노트를 쓸 시간이 정말 부족하다면 책을 읽은 날짜와 책 제목 정도만 쓰는 독서 통장을 만들 수 있어. 히지만 통장 형식으로 독서 노트를 쓰더라도 책을 읽고 든 생각을 간단하게라도 적거나 ☆ 기호로 평점을 표시해 둬.

디지털로 독서 노트 만들기

요즘에는 종이책뿐만 아니라 이북(E-book)도 많이 읽지. 그래서 디지털 기기로 책을 읽으면 자동으로 독서 기록이 남는 앱도 있어. 디지털 기기로 독서 달력을 만들어 보는 것도 추천해.

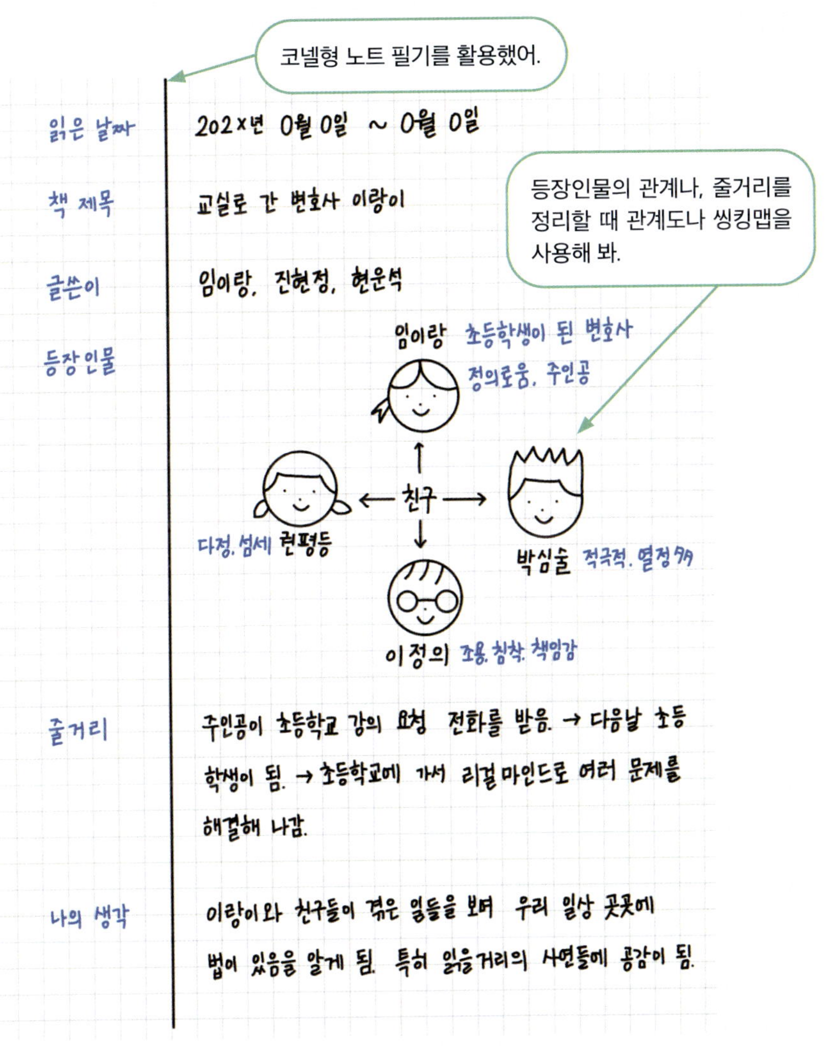

독서 노트에는 내가 책을 통해 무엇을 느끼고, 무엇을 배웠는지를 남기는 게 중요해. 독서 노트는 단순한 기록이 아니라 책과 내 생각을 연결하는 징검다리야.

글과 그림으로 식의 의미를 표현하자

수와 연산의 개념을 설명할 때 교과서 등에서 사용한 글, 숫자, 그림, 표 등을 활용해 노트 필기를 해야 해. 수와 연산을 노트 필기할 때는 결과만 적기보다 결과가 나오기까지의 과정을 이해하는 방법을 적는 것이 무엇보다 중요해.

식의 의미를 자세하게 적기

먼저 식의 의미를 자세하게 적는 방법을 알아볼까? 이때 '몫', '등분', '하나'와 같은 키워드는 식의 의미를 정확하게 이해하는 데 중요하니까 파란색이나 빨간색으로 표시하면 좋겠지?

안 좋은 예	좋은 예
$\dfrac{4}{5} \div 3 = \dfrac{4}{5} \times \dfrac{1}{3} = \dfrac{4}{15}$	$\dfrac{4}{5} \div 3 = \dfrac{4}{5} \times \dfrac{1}{3} = \dfrac{4}{15}$ [의미] $\dfrac{4}{5} \div 3$의 몫($\dfrac{4}{15}$)은 $\dfrac{4}{5}$ 를 3등분한 것 중의 하나다.

그림으로 식의 의미 표현하기

그림으로 식의 의미를 표현하는 방법을 알아볼까?

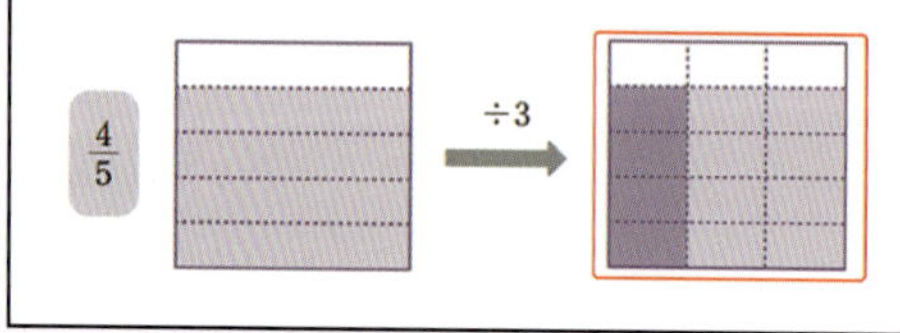

전체 15등분 한 것 중 4개가 3등분한 몫이다.

$$\dfrac{4}{5} \div 3 = \dfrac{4}{5} \times \dfrac{1}{3} = \dfrac{4}{15}$$

분수를 그림으로 나타낼 때는 그리드 노트와 자를 이용해 도형을 반듯하게 그리고, 색을 활용하는 연습이 필요해. 가로선(분모 5)과 세로선(나누는 수 3)을 활용하면 도형이 똑같이 15등분 되었는지 확인할 수 있고, 구해야 하는 몫은 다른 색으로 색칠해서 내가 구해야 하는 값을 빠르게 구별할 수 있어. 숫자를 쓸 때는 수를 바르게 쓰는 연습도 꼭 해야 해. 예를 들어 0과 6을 비슷하게 써서 문제를 틀리는 경우가 종종 있거든.

수학 노트에 수와 연산의 중요 공식을 적는 것도 중요하지만, 공식의 의미를 글과 숫자, 그림 등을 활용해 필기하는 연습이 필요해. 내가 공부한 내용을 누군가에게 설명하는 공부법이 중요하다는 거 알고 있지? 만약 내가 정리한 노트에 공식만 적혀 있다면 다른 사람에게 자세히 설명하기 어렵겠지. 그래서 수와 연산을 노트에 필기할 때는 공부하면서 알게 된 내용을 글, 그림, 표 등을 활용해 구체적으로 정리하는 게 좋아.

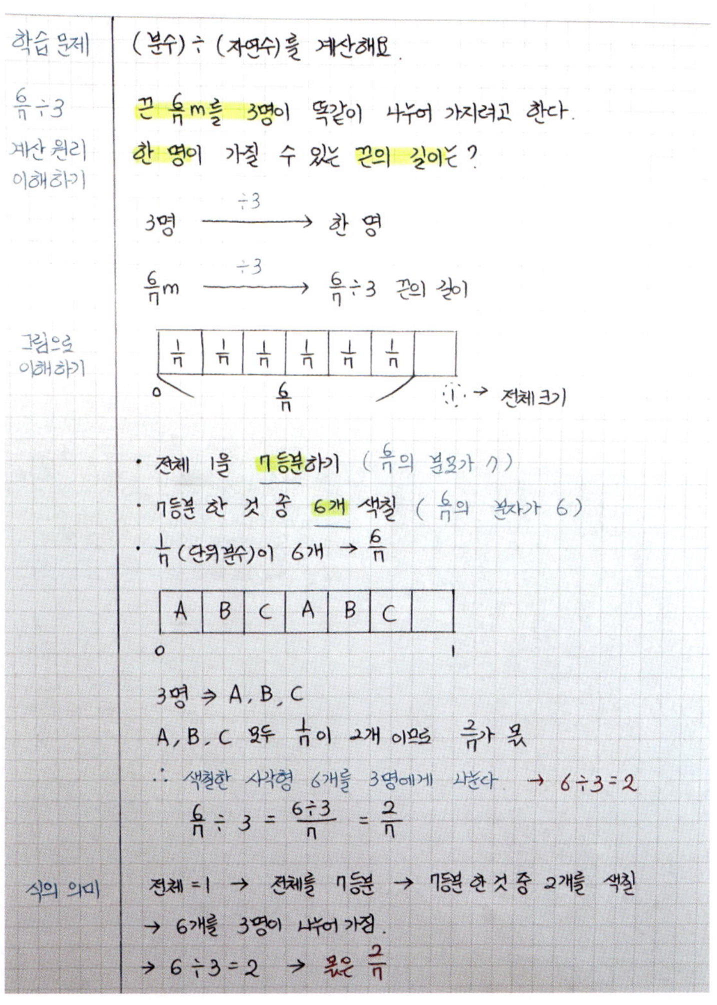

도형의 정의와 성질을 연결하자

도형 영역에서는 여러 가지 도형이 나와. 도형의 이름, 뜻, 성질을 하나씩 연결해서 이해해야 해. 예를 들어 직사각형을 보면 "이건 무슨 도형이지?", "직사각형은 어떤 특징이 있지?" 하고 정의와 성질을 스스로 설명할 수 있어야 해.

도형을 연결지어 이해하기

수학 시간에 나오는 사각형, 삼각형, 평행사변형, 사다리꼴, 마름모 같은 도형들은 서로 연결되어 있어. 도형을 각각 따로 외우려고 하지 말고, 하나로 연결해서 이해하는 게 좋아. 예를 들어, 사각형의 넓이 공식을 배웠다면 그걸 이용해서 삼각형이나 평행사변형의 넓이도 쉽게 구할 수 있어. 이처럼 하나의 성질을 활용해서 다른 도형의 성질도 이해할 수 있어야 해. 노트에 필기할 때는 공식만 적는 게 아니라, '이 공식이 왜 이렇게 나왔을까?' 하고 생각하며 적는 연습이 필요해.

색과 자를 이용해서 도형을 예쁘게 그리기

도형 영역 필기에서 중요한 건 도형을 최대한 반듯하게, 색을 이용해 예쁘게 그려서 도형의 특징을 한눈에 볼 수 있어야 한다는 거야. 먼저 자를 사용해서 연필로 도형을 연하게 그린 후, 그다음에는 볼펜으로 진하게 그리면 좋아. 또, 도형의 성질을 정리할 때는 색으로 내용을 강조하는 것도 좋아. 예를 들어, 도형의 넓이를 구할 때 밑변이나 높이를 다른 색으로 표시하면 넓이 공식을 더 쉽게 이해할 수 있어.

씽킹맵을 활용해 도형 분류하기

여러 도형을 한쪽에 정리할 때는 씽킹맵을 활용해서 분류하면 좋아. 씽킹맵을 활용하면 한눈에 도형의 성질과 차이점을 알 수 있어. 내가 공부한 도형을 어떤 씽킹맵을 활용해 정리하면 좋을지 생각하고 노트 필기를 시작해야 해.

다양한 모양의 삼각형이 있지? 처음 필기할 때는 내가 공부한 삼각형 모양이 두 가지였지만, 복습하면서 다른 모양의 삼각형을 알게 되면 노트에 내용을 추가해야 해.

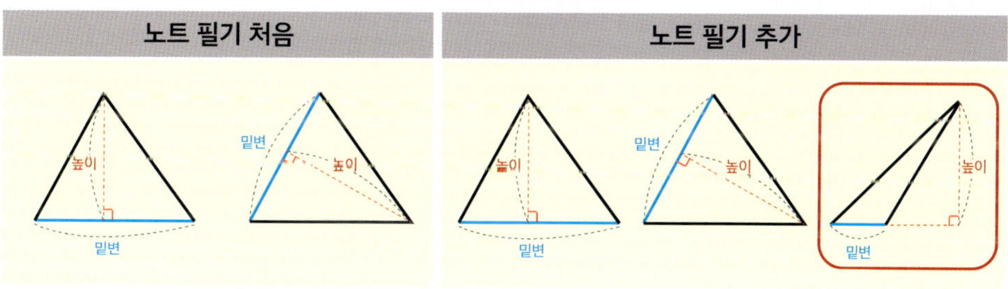

그리드 노트와 자를 사용하면 선이 삐뚤어지지 않고, 도형의 크기와 각도도 일정하게 맞출 수 있어. 예각삼각형, 직각삼각형, 둔각삼각형 등 다양한 삼각형을 직접 그려 보고, 각각 어떤 특징이 있는지 필기해 봐. 그렇게 하면 도형 공부가 훨씬 재미있어질 거야.

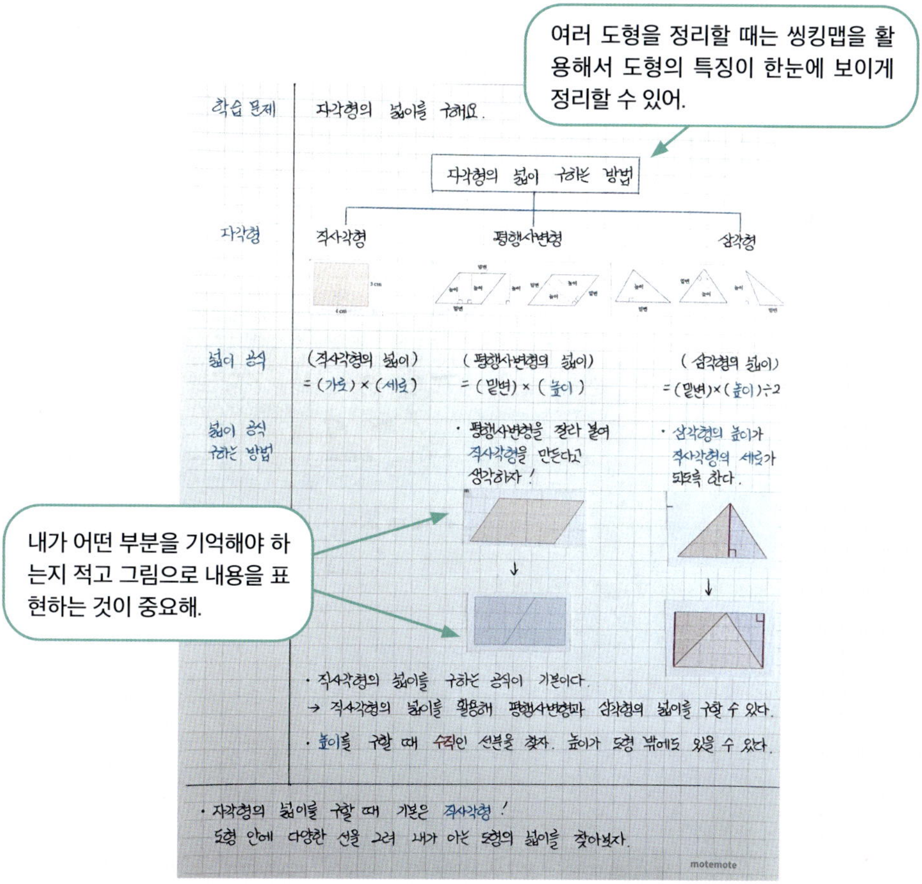

여러 도형을 정리할 때는 씽킹맵을 활용해서 도형의 특징이 한눈에 보이게 정리할 수 있어.

내가 어떤 부분을 기억해야 하는지 적고 그림으로 내용을 표현하는 것이 중요해.

오답 노트로
실수를 줄이자

틀린 문제 속에는 내 공부 약점이 숨어 있어. 틀린 문제를 그냥 답만 확인하고 넘어가면, 다음에도 똑같은 실수를 반복하게 돼. 모든 과목에 대해 오답 노트를 만들 수 있지만, 특히 문제 유형이 확실하게 나뉘는 수학에서는 오답 노트가 필수야.

틀린 문제 옮기거나 오려 붙이기

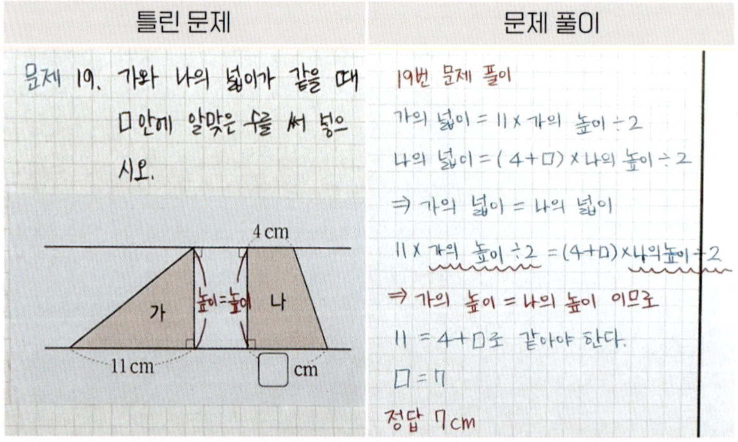

틀린 문제	문제 풀이

틀린 문제를 노트에 옮겨 적을 수도 있지만, 효율적으로 공부하기 위해서는 오려 붙이는 것도 좋아. 그래서 오답 노트에는 T자형 노트 필기를 가장 많이 활용해. 왼쪽에는 틀린 문제를 쓰거나 오려 붙이고, 오른쪽에는 그 문제의 풀이를 쓰는 거야.

틀린 이유 쓰기

오른쪽에 풀이 과정을 쓸 때는 수와 연산 노트를 정리할 때처럼, 풀이 과정이 잘 보이도록 정리해야 해. 하지만 문제와 풀이만 적는다면 문제집 답지랑 다를 게 없어. 오답 노트에는 틀린 이유를 꼭 써야 해. '실수'라고만 쓰면 도움이 되지 않아. 예를 들어 '덧셈을 해야 하는데 뺄셈을 함'처럼 구체적으로 적어야 해. 그래야 다음에 같은 문제를 풀 때, 내가 왜 틀렸는지 떠올릴 수 있어. 오답 노트는 단순히 문제와 풀이를 복사하듯 옮기는 노트가 아니라, 실수한 이유를 분석하기 위한 노트야.

나를 위한 조언 쓰기

오답 노트에는 나를 위한 한 줄 조언을 쓰는 것도 좋아. 비슷한 유형의 문제를 다시 틀리지 않기 위해, 내가 주의해야 할 점을 정리해 보는 거야.

① 계산에서 실수를 했다면 → 계산 과정을 한 줄씩 확인하기
② 단위를 빠뜨렸다면 → 단위 꼭 확인하기
③ 문제를 제대로 읽지 않았다면 → 문제 꼼꼼히 끝까지 읽기

색깔 활용하기

파란색 펜으로는 문제를 해결하는 데 중요한 단서가 되는 부분을 표시해. 특히 문제에 '~않은 것', '틀린 것을 찾으세요' 같은 표현이 있으면, 제대로 읽지 않아 실수하는 경우가 많아. 이럴 때는 '않은', '틀린' 같은 말에 파란색 펜으로 표시해 봐.
빨간색 펜은 내가 실수한 부분이나 정답을 쓰는 데 사용해. 오답 노트에서는 형광펜을 자주 쓰진 않지만, 계속 같은 부분에서 틀린다면 형광펜으로 강조하고 반복해서 복습해야 해. 시험 직전처럼 짧은 시간에 복습할 때는, 형광펜 표시된 부분만 훑어보는 것도 좋은 방법이야.

단순히 오답을 옮기는 것만으로는 내 지식이 되지 않아. 중요한 건, 오답 노트를 복습해서 같은 실수를 반복하지 않는 것! 오답 노트를 잘 작성했다면, 이제는 그 노트를 어떻게 활용할지도 함께 고민해 봐.

수학 5-1 1. 자연수의 혼합 계산
단원 평가

3. 한 사람이 한 시간에 종이배를 5개씩 만들 수 있습니다. 6명이 종이배 150개를 만들려면 몇 시간이 걸리는지 구하세요.

<3번 문제 풀이>
한 사람이 한 시간에 만들 수 있는 종이배는 5개
6명이 한 시간에 만들 수 있는 종이배는 6명 x 5개 = 30개
6명이 한 시간에 종이배 30개를 만들 수 있으므로
종이배 150개를 만드는데 걸리는 시간은
= 150 ÷ (6x5) 

= 150 ÷ 30 = 5 (시간)

<틀린 이유>
괄호를 포함한 자연수의 혼합 계산에서는 괄호 안을 가장 먼저 계산해야 하는데 150÷6을 먼저 계산하여 틀림.

7. 남형이는 사탕을 6봉지 샀습니다. 한 봉지에는 사탕이 12개씩 들어 있어 있습니다. 사탕을 누나와 똑같이 나눈 후 친구를 만나 사탕을 10개 주었습니다. 남형이에게 남은 사탕은 모두 몇 개인지 하나의 식으로 나타내어 구하세요.

<7번 문제 풀이>
사탕의 총 개수 = 6 x 12
누나와 나누어 가진 사탕의 수 = 6 x 12 ÷ 2
친구에게 주고 남은 사탕의 수 = 6 x 12 ÷ 2 - 10

= 72 ÷ 2 - 10
= 36 - 10
= 26 (개)

<틀린 이유>
문제를 읽고 식을 세우지 못함
문제를 나누어 읽고, 각 부분의 식을 표현한 후, 하나의 식으로 만들어야 함.

15. 장난감 카페에서 장난감 한 개를 30분 동안 빌리면 2000원을 내야 합니다. 장난감 6개를 10명이 2시간 동안 빌리고 장난감 대여비는 똑같이 나누어 내기로 했습니다. 한 사람이 장난감 대여비를 얼마씩 내야 하는지 구하세요.

<15번 문제 풀이>
장난감 한 개를 30분 동안 빌리는 대여비 = 2000원
장난감 한 개를 2시간(=120분) 동안 빌리는 대여비
= 2000 x 4
장난감 6개를 2시간 동안 빌리는 대여비
= 2000 x 4 x 6
= 8000 x 6
= 48000
48000원을 10명이 나누어 내면 48000 ÷ 10
= 4800 (원)

<틀린 이유>
2시간은 120분인데 60분으로 계산함.

색과 기호를 활용해 시각적으로 정리하자

사회 과목 중 지리 영역은 공간과 장소를 중심으로 여러 정보를 다루기 때문에 시각적으로 정리하는 것이 가장 중요해. 문장으로만 필기하는 것보다 지도, 그래프, 기호를 활용하면 복잡한 내용도 훨씬 쉽게 이해할 수 있어.

색깔과 기호 활용하기

지리 영역을 효과적으로 필기하려면 색깔과 기호를 적절히 활용하는 것이 좋아.

색깔은 지역의 특성을 시각적으로 나타내는 데 유용해.

파란색 펜: 차가운 바람, 추운 지역, 지도에서 바다나 강

빨간색 펜: 따뜻한 바람, 따뜻한 지역

기호는 정보의 관계나 방향을 간단하게 나타낼 수 있어.

↑(올라가는 화살표): 따뜻한 기온, 북쪽, 높은 지역

↓(내려가는 화살표): 차가운 기온, 남쪽, 낮은 지역

↕(위아래 방향 화살표): 남북 방향, 고도 차이

↔ (양옆 방향 화살표): 동서 방향, 거리 차이, 분포

그 외에도 ∵(원인), ∴(결과), = (같음) 등의 기호를 활용하면 복잡한 문장 없이도 핵심을 간단히 정리할 수 있어.

간단한 그림을 그리거나 오려 붙이기

간단한 그림을 활용하면 말로 설명하기 어려운 개념도 머릿속에 쏙 들어오게 정리할 수 있어. 오른쪽 필기에서처럼 지형의 단면도를 직접 그려보면 '태백산맥이 차가운 북서풍을 막아준다.'는 내용을 더 명확히 이해할 수 있어.

또, 강수량 비교 그래프나 세계의 대륙과 대양처럼 복잡하고 자세한 자료가 필요할 때도 있

어. 이럴 때는 인터넷에서 찾은 자료를 인쇄하거나 복사해 오려 붙이는 방법도 활용해 봐.

주제도의 의미 파악하기

지리 영역에서는 지형을 보여주는 일반도와 다양한 정보를 담은 주제도가 자주 등장해.
지도 속 선과 색이 무엇을 의미하는지 정확히 파악하고, 잘 모르겠다면 지도 옆에 따로 필
기해 두는 습관을 들이면 내용을 더 깊이 이해할 수 있어.

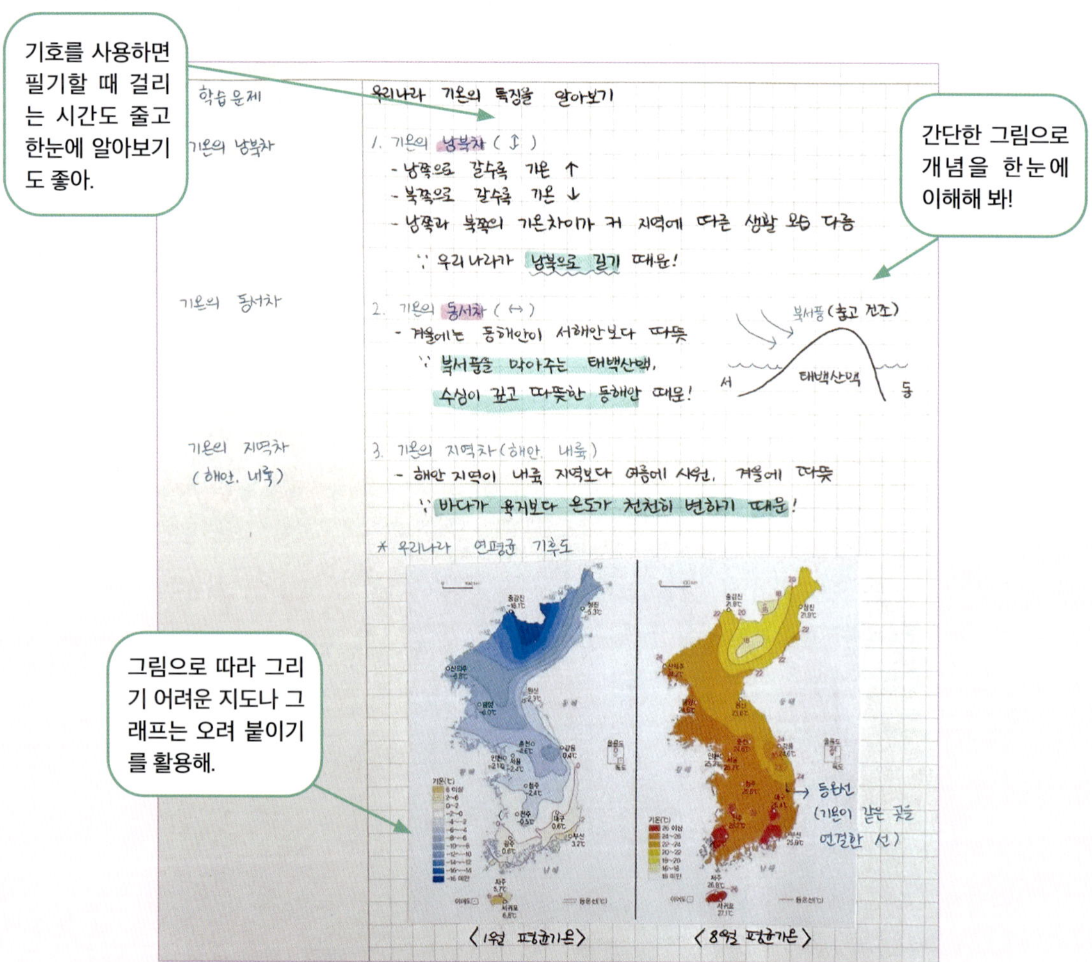

역사적 사건의 흐름과 영향을 구조적으로 정리하자

역사 영역은 사건의 흐름과 원인·결과를 이해하는 것이 중요하며, 연표와 기호를 활용하면 내용을 구조적으로 정리할 수 있어. 지도나 유물 같은 시각 자료는 물론 중요 키워드와 개념을 시각적으로 정리하면 복잡한 역사 내용도 한눈에 쉽게 이해할 수 있어.

연표로 시간 순서와 흐름 정리하기

역사에서는 일의 순서와 그 결과로 무슨 일이 생겼는지 이해하는 것이 중요해. 연표를 활용하면 사건의 흐름을 한눈에 보기 좋게 정리할 수 있어. 연표는 시간의 흐름에 따라 사건을 정리한 표야.

연표를 쓸 때는 먼저 세로형으로 쓸지, 가로형으로 쓸지 정한 다음, 자로 선을 그어. 그 위에 사건의 제목과 연도를 쓰고, 필요한 설명도 덧붙여 정리해.

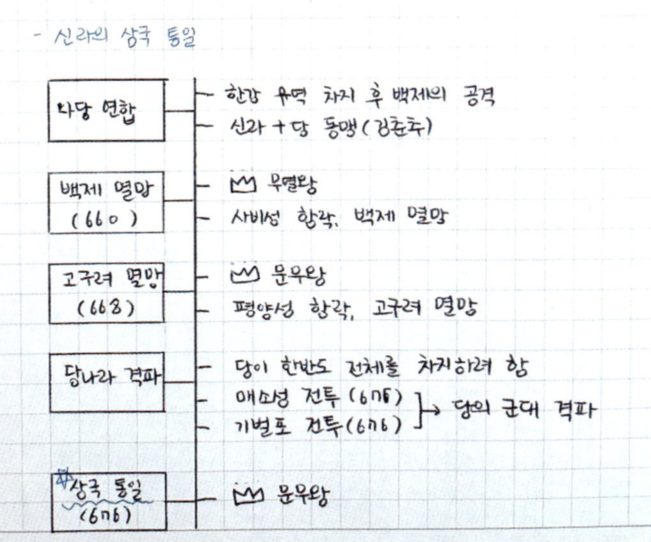

· **세로형 연표**는 위에서 아래로 시간의 흐름을 표현해. 사건 하나하나에 자세한 설명을 덧붙이기에 좋아.

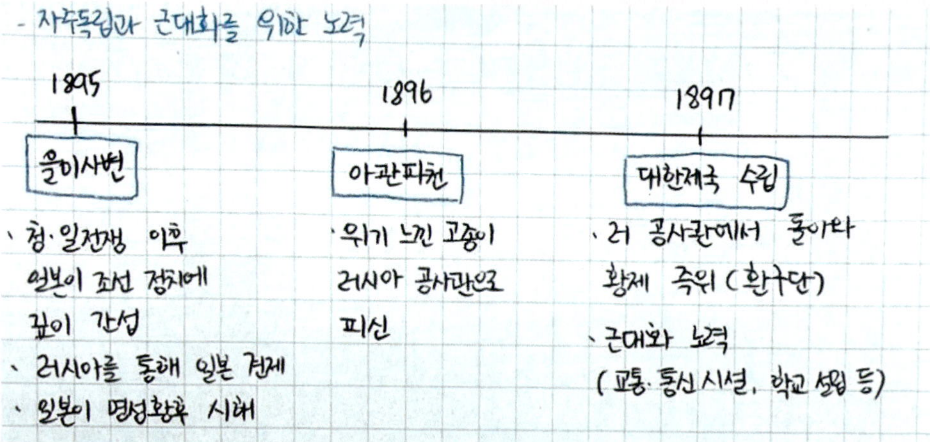

· **가로형 연표**는 왼쪽에서 오른쪽으로 시간의 흐름을 표현해. 전체 흐름을 한눈에 비교하기에 적합해.

다양한 기호로 정리하기

역사 영역은 여러 사건이 서로 영향을 주고받으며 이어지기 때문에, 줄글로만 정리하면 복잡하고 이해하기 어려울 수 있어. 이럴 때는 기호를 활용해 내용을 쉽게 정리하고 기억할 수 있어.

→(**화살표**)로 원인, 결과를 표현하거나, ∵(**원인**), ∴(**결과**) 기호를 사용해 나타내 봐. 서로 대립하는 사회적 분위기나 인물은 **vs**, 힘을 합치거나 영향을 준 관계는 +기호 등을 써서 필기해 봐.

포스트잇 활용과 시각 자료 오려 붙이기

역사에서는 지도, 문화재, 유물 사진과 시각 자료가 자주 등장해. 이런 자료는 직접 오려 붙이거나 포스트잇을 활용해서 쉽게 정리할 수 있어.

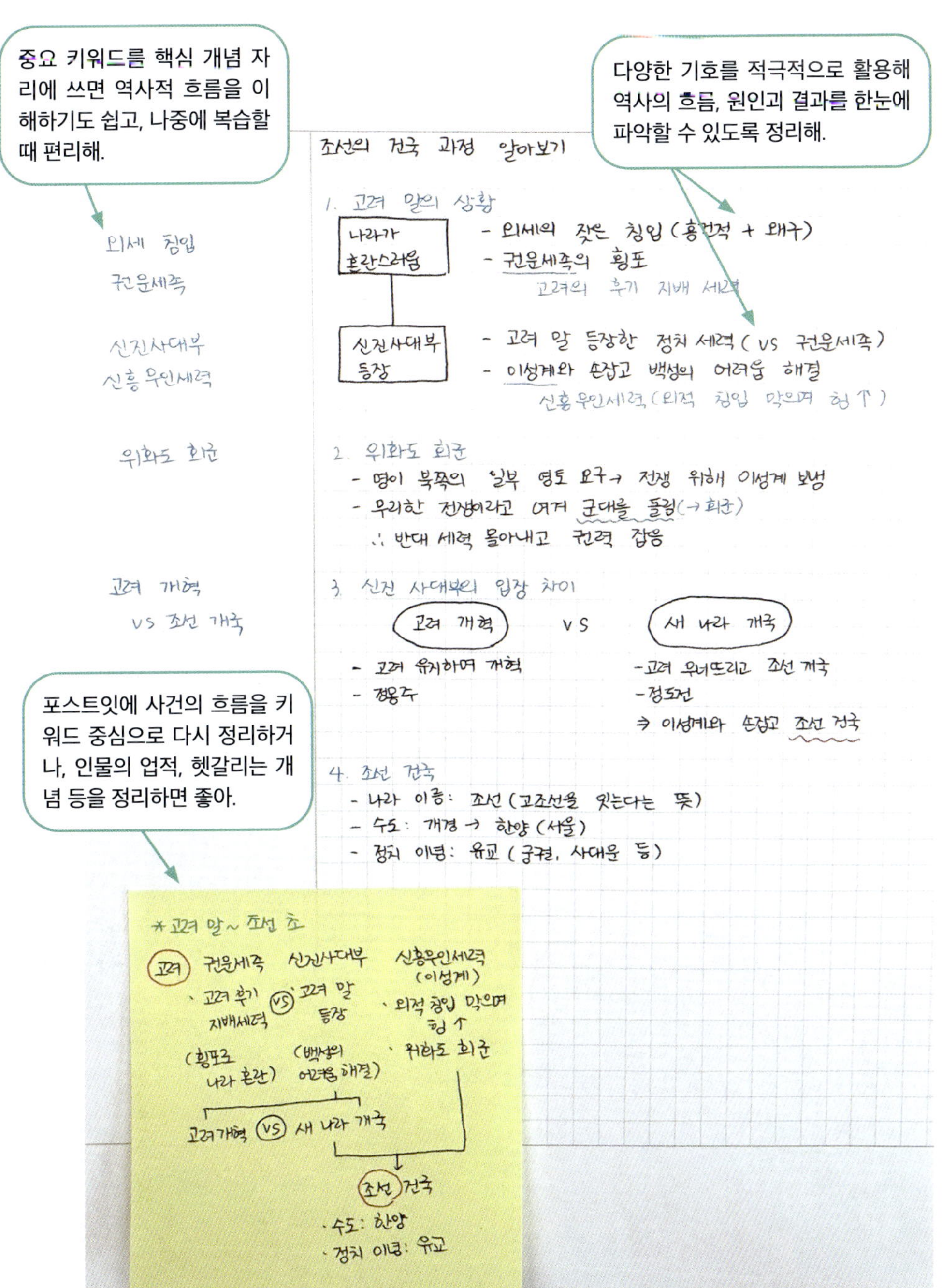

낯선 개념은 낱말의 뜻과 이미지를 연결하자

낱말의 뜻을 자주 찾아보고 필기하는 것이 중요해. 단어만 외우기보단 이미지를 활용해 시각적으로 정리하면 더 효과적이야. 낯설었던 개념도 그림과 함께 정리하면 이해가 쉬워지고 기억에도 오래 남아.

한자 뜻 찾기

사회 과목에서 등장하는 단어들은 대부분 한자어로 이루어져 있어서, 이 한자들의 의미를 파악하고 공부를 시작하면 내용을 훨씬 빠르게 이해할 수 있어. 특히 처음 보거나 한 번에 의미를 파악하기 어려운 단어를 만났을 때는, 그 단어들을 따로 정리해 두는 습관이 사회 공부의 디딤돌이 되지. 그럼 한자어는 어떻게 뜻을 찾고, 공부를 하면 좋을까? 사전을 찾기 전에, 단어가 나오는 문장 전체를 한 번 더 천천히 읽어 봐. 때로는 그 문장 안에 있는 다른 단어들이나 주위에 있는 그림, 사진이 그 단어의 뜻을 짐작하게 도와주기도 해. "이 상황에서는 이 단어가 이런 뜻일 것 같은데?" 하고 추측하는 연습을 해 보는 것도 아주 중요하지. 이건 문해력(글을 이해하는 능력)을 키우는 데도 엄청 좋은 방법이야! 아무리 다시 읽어봐도 어렵거나, 이해가 안 될 때가 있어. 그럴 땐 평소에 궁금한 것을 검색하는 '검색창'을 이용해. 예를 들어 '사회(社會)'라는 단어가 궁금하면, 검색창에 '사회 뜻' 또는 '사회 의미'라고 치면 돼. 그럼 바로 단어의 뜻이 나오고, 대부분 한자어는 옆에 어떤 한자인지도 친절하게 알려줄 거야. 검색 결과를 참고해서 노트 정리를 하면 한자어가 등장해도 어렵지 않게 공부할 수 있어.

경공업: 경=가볍다 → 무게가 가벼운 제품을 생산하는 산업 ex) 의류, 식품, 종이

비정부기구: 비=아니다 → 정부와 상관없이 구성된 기구

이미지 활용하기

사회 공부를 하다 보면 개념이 어려워 머릿속에 입력이 잘 안 될 때가 많지? 어려운 개념이 등장할 때는 무작정 단어를 외우지 않고 공부하는 방법은 무엇일까? 바로 글이나 말로만 되어 있는 복잡한 내용을 그림, 다이어그램 등으로 표현하면서 생각하고 정리하는 방법이야. 우리의 뇌는 글자보다 이미지를 훨씬 더 빨리 인식하고 기억하거든. 딱딱하게 느껴지는 추상적인 개념들을 그림이나 간단한 도형으로 나타내면, 신기하게도 훨씬 더 쉽게 머릿속에 오래 남게 돼. 특히, 민주주의, 권력 분립, 기본권 같은 정치 개념들은 눈에 보이지 않아서 처음 이해하기가 진짜 어려울 수 있어. "민주주의가 뭐지?", "권력을 나눈다고? 누가?" 이런 질문들이 계속 생기게 마련이잖아. 하지만 이런 개념들을 비주얼 씽킹을 통해 각각을 상징하는 그림을 그리거나, 관련 이미지를 더하면, 그 의미를 훨씬 더 직관적으로 이해하게 되는 거야. 단순히 교과서 내용을 단어나 문장 그대로 베껴 쓰는 것이 아니라, '어떻게 하면 이 복잡한 내용을 내가 가장 잘 이해할 수 있는 그림으로 표현할 수 있을까?'를 깊이 고민하는 과정 자체가 엄청난 공부가 돼. 자신만의 방식으로 정리한 그림 노트는 나중에 다시 공부할 때도 지루하지 않고 한눈에 내용을 파악할 수 있어서 복습 효율도 훨씬 높아져.

학습문제	국가의 일을 나누어 해야하는 까닭을 알아봅시다.
삼권분립	- 삼 권 분 립 ↓ ↓ ↓ ↓ 3 권력 나누어 세운다 - 국가 권력을 국회 · 정부 · 법원이 나누어 맡는 것
국회 정부 법원	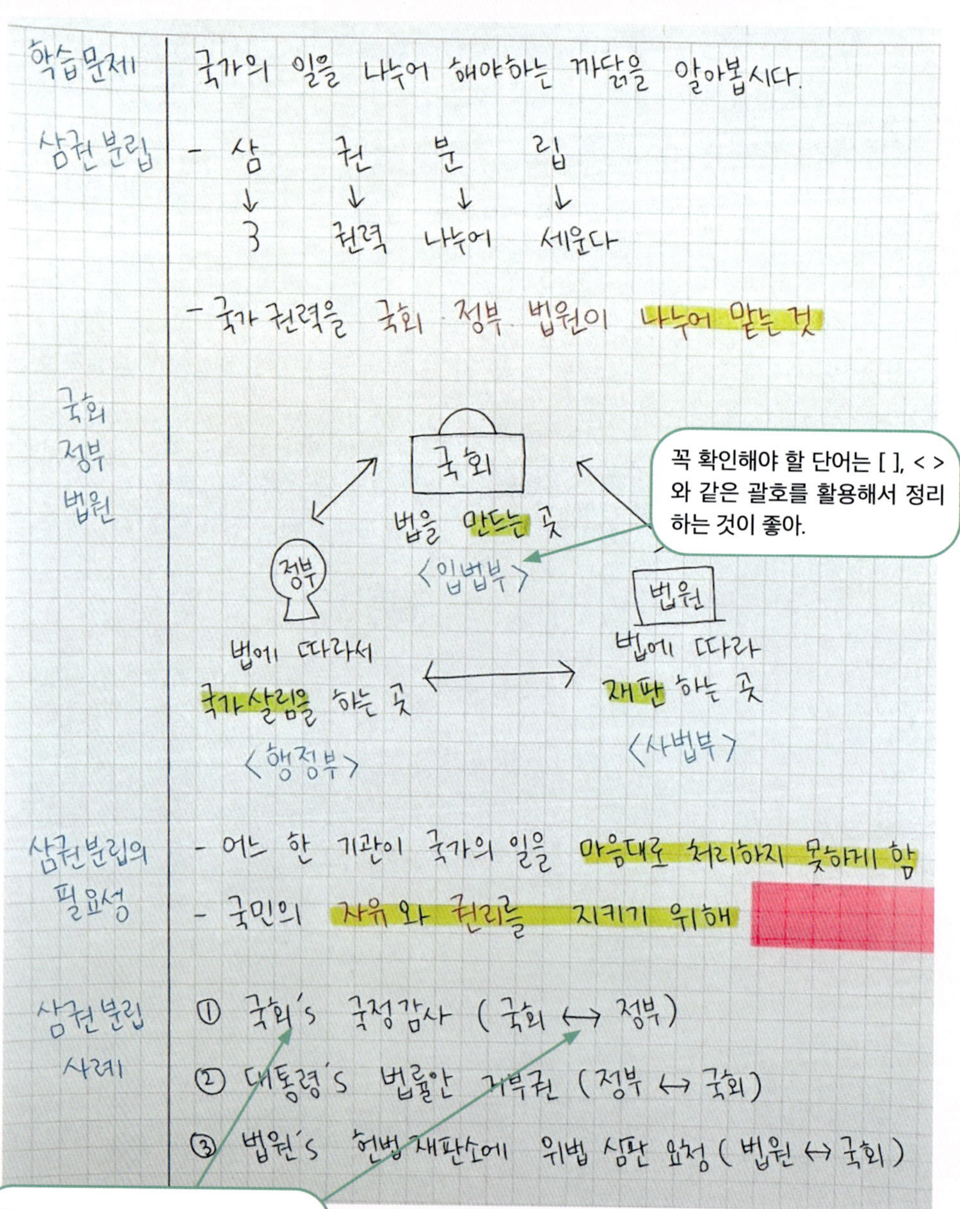

| 삼권분립의
 필요성 | - 어느 한 기관이 국가의 일을 마음대로 처리하지 못하게 함
 - 국민의 자유와 권리를 지키기 위해 |
| 삼권분립
 사례 | ① 국회's 국정감사 (국회 ↔ 정부)
 ② 대통령's 법률안 거부권 (정부 ↔ 국회)
 ③ 법원's 헌법재판소에 위법 심판 요청 (법원 ↔ 국회) |

꼭 확인해야 할 단어는 [ ], < > 와 같은 괄호를 활용해서 정리 하는 것이 좋아.

줄글로 길게 정리하기보다는 영어표 현이나 기호 등을 활용해서 간단히 정리해야 복잡한 내용도 쉽게 정리 하고 공부할 수 있어.

실험 과정과 결과를 이미지로 정리하자

과학 실험은 과정과 결과를 그림이나 표로 정리하면 기억에 오래 남고, 비슷한 개념이나 실험은 비교해 정리하면 헷갈리지 않아. 실험 도구나 상황을 이미지로 표현하면 핵심을 빠르게 파악할 수 있어.

잊어버리기 전에 정리하기

과학 수업에서 가장 집중하게 되는 시간은 바로 실험이야. 실험은 재미있지만, 실험이 끝나면 어떤 내용을 배웠는지 금방 잊어버리게 되지. 수업이 끝난 후에는 실험을 다시 해볼 수 없기 때문에, 실험 과정과 결과를 정확하게 정리하는 것이 중요해. 실험 수업 이후 스스로 공부할 때는 실험 과정과 실험을 통해 알게 된 결과를 모두 정리해야 해.

실험과정과 결과를 이미지로 정리하기

과학 개념을 글로만 정리하면 기억이 잘 나지 않을 수 있어. 실험 장면이나 그래프, 도구 그림 등을 함께 정리하면 이미지 자체가 기억에 남아 더 효과적이야.

	온도에 따른 기체의 부피 변화	압력에 따른 기체 부피 변화
실험 과정		
실험 결과	뜨거운 물 → 고무 풍선이 부푼다. 얼음 물 → 고무 풍선이 오그라든다.	약하게 누름 → 부피가 조금 작아진다. 세게 누름 → 부피가 많이 작아진다.

비슷한 실험과 비교하여 노트 필기하기

과학에서는 '기체-액체-고체', '압력-온도', '부피-무게'처럼 이름은 비슷하지만 의미가 다른 개념이 함께 등장하는 경우가 많아. 또 오늘 배운 내용이 이전에 배운 내용이나 다음에 공부할 개념과 연결되어 있어서 차이를 정확하게 정리하지 않으면 헷갈리기 쉬워. 이럴 땐 개념의 공통점과 차이점을 비교하며 노트에 정리하면 이해가 더 분명해지고, 실험이나 관찰 내용을 복습할 때도 도움이 돼.

	액체에서 열의 이동	기체에서 열의 이동
특징	온도가 높아진 액체가 위로 올라가면서 열이 이동	따뜻해진 기체가 위로 올라가면서 열이 이동
공통점	대류	

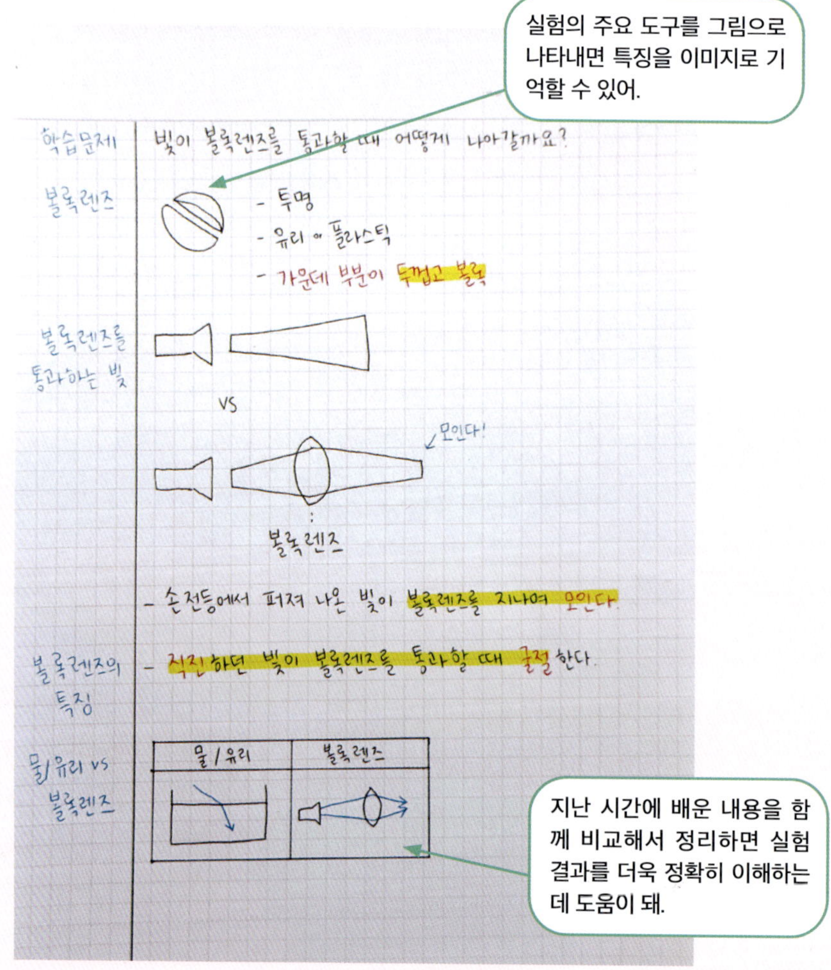

개념을 한눈에
보기 좋게 정리하자

과학은 많은 개념과 원리가 나오는데 이 개념들이 서로 비슷할 때도 있지만 반대일 때도 있어. 그래서 기호, 그림, 표 등을 활용해 과학 개념을 보기 좋게 노트에 정리하는 것이 중요해.

실험결과 및 개념과 원리를 표와 기호로 정리하기

물이 얼 때와 얼음이 녹을 때의 무게와 부피 변화 실험 기억나? 물과 얼음의 무게와 부피 변화를 표로 정리하면 물과 얼음의 공통점과 차이점을 한눈에 알아볼 수 있어.

구분	무게	부피
물이 얼 때	변하지 ×	↑(늘어남)
얼음이 녹을 때	변하지 ×	↓(줄어듦)

★ 생수병에 물을 가득 얼리면 생수병이 처음보다 부푼 걸 알 수 있다.(물이 얼 때 부피 변화)

과학 개념을 표로 정리한 후 표의 내용을 토대로 실생활 속 사례를 한 줄 적으면 표의 내용과 연결되기 때문에 과학 개념을 이해하는 데 큰 도움이 돼.

과정을 활용해 과학 개념 노트 필기하기

과학은 시간의 흐름이나 변화 과정을 이해하는 것이 중요해. 이때, 화살표를 사용해 순서를 정리하면, 내용의 흐름이 한눈에 보이고 기억에도 오래 남아.

예를 들어 현무암과 화강암에 대해 필기할 때 현무암이 지표 가까이에서 빨리 식는 장면을 떠올려 봐. '빨리 식어버리기 때문에 알갱이가 모일 시간이 부족해 알갱이가 작구나.'라고 생각할 수 있어. 이 내용을 바탕으로 노트 필기를 해봐.

① 현무암: 지표 가까이 → 빨리 식음 → 알갱이 모일 시간 × → 알갱이 小
② 화강암: 땅 속 깊숙이 → 천천히 식음 → 알갱이 모일 시간 ○ → 알갱이 大

내용을 확인할 수 있는 정리문제 활용하기

공부한 개념이 잘 정리되었는지 확인하려면, 정리 문제를 직접 만들어 보는 게 효과적이야.

정리 문제는 필기한 내용 중 가장 중요한 개념을 바탕으로 만들어야 해.

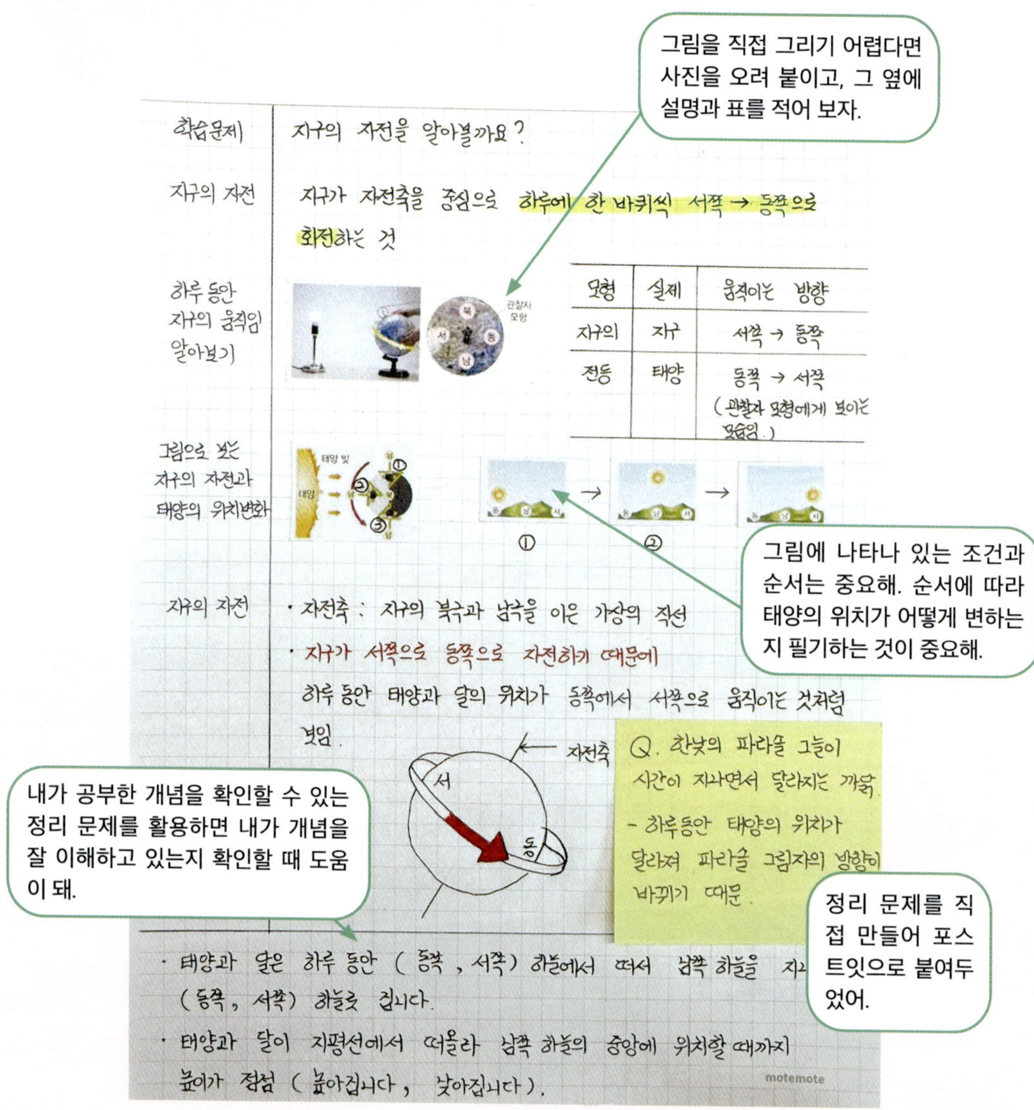

시사 노트로 더 크게 생각하자

우리는 뉴스, 기사, 영상 등 교과서 밖에서도 다양한 과학 정보를 접할 수 있어. 이런 시사 내용을 과학 개념과 연결해 시사 노트로 정리하면 사고력이 자라나. 단순한 개념 정리를 넘어, 시사 노트는 창의력과 논술 실력 향상에도 도움이 돼. 자주 쓰다 보면 근거 있는 글쓰기도 훨씬 수월해져.

노트에 필기할 내용 정하기

기사나 동영상의 제목	출처	주요 내용
관련된 과목이나 단원	관련된 과학 개념	나의 생각과 의견
새로 알게 된 것	더 알고 싶은 것	관련된 그림이나 그래프

과학 시사 노트에서 제일 중요한 내 생각 쓰기

기사나 뉴스, 동영상을 그냥 보기만 하는 것은 누구나 할 수 있어. 또 그걸 보고 기사 내용을 정리하거나 관련된 과학 개념을 적는 것도 누구든 할 수 있지. 하지만 내 생각은 나만 쓸 수 있어. 기사를 읽기만 하고 끝내는 게 아니라 내 머릿속으로 정리를 해야 내 생각을 적을 수 있어. "뉴스에서 이 과학 기술이 좋다고 하는데 정말 좋을까?", "동영상 속 과학 도시가 현실이 된다면 어떨까?" 같은 질문을 스스로 해보는 게 진짜 공부의 시작이야. 특히 이유를 쓰고 내 의견을 말하는 건 여러 시험에도 꼭 필요한 능력이야. 과학 시사 노트에 내 생각을 자주 써 본 사람은 글쓰기도 더 잘하게 돼.

내 생각에는 어떤 내용을 써야 할까?

"생각이나 의견을 쓰는 게 가장 어려워요. 저는 의견이 없어요."라고 말하는 친구들이 정말 많아. 생각은 어려운 게 아니야. 다음과 같은 내용들에 답을 쓴다고 생각하고 나의 생각과 의견을 정리해 볼 수 있어.

① 처음 알게 된 것, 가장 놀란 부분

② 기사를 쓴 사람에게 물어보고 싶은 것

③ 뉴스를 보고 떠오른 나의 상상

④ 과학과 나의 일상을 연결하여 어떤 영향을 줄지 생각하기

⑤ 동영상 속 내용에 대해 찬성하는지, 반대하는지 이유 쓰기

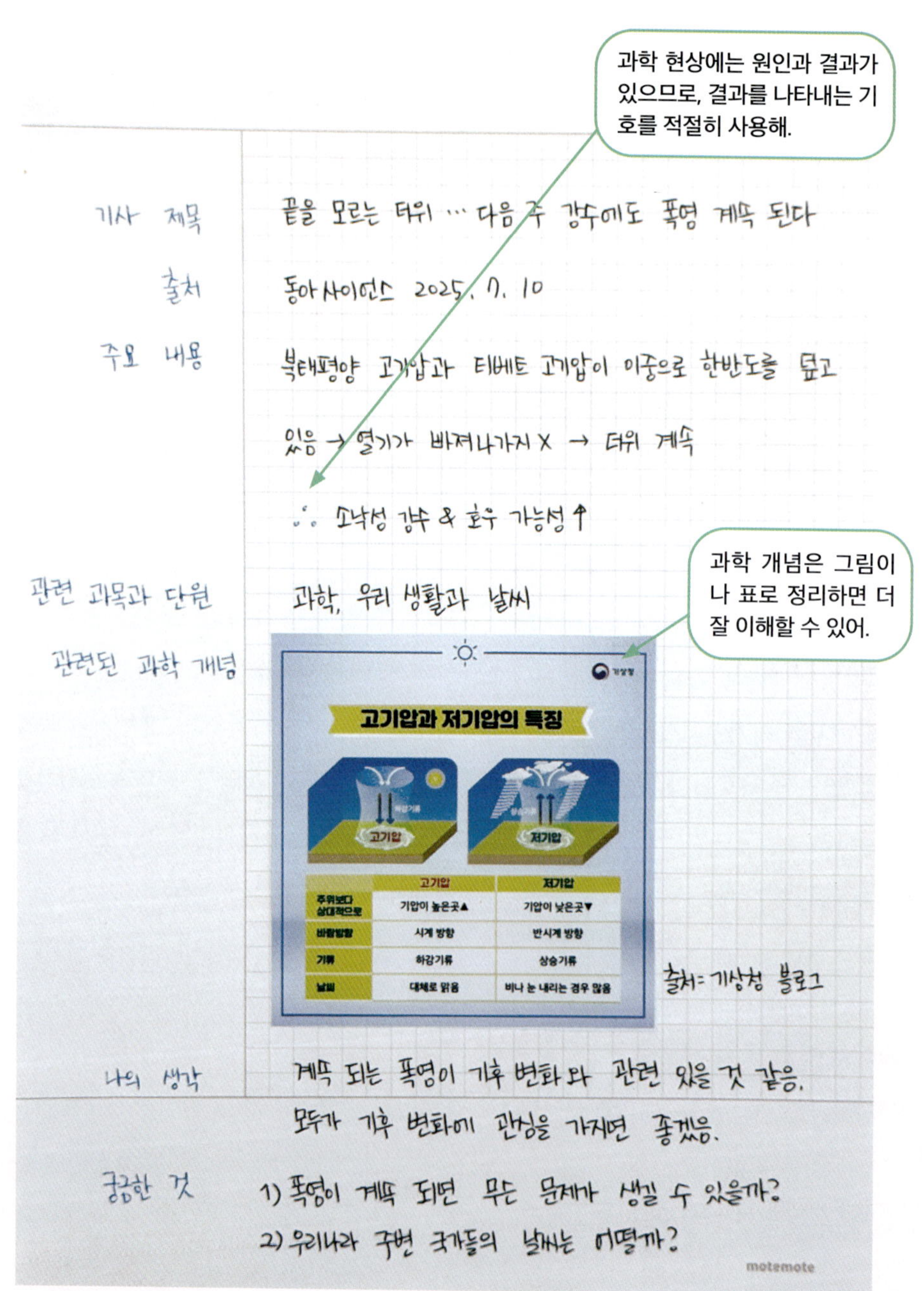

	고기압	저기압
주위보다 상대적으로	기압이 높은 곳▲	기압이 낮은 곳▼
바람방향	시계 방향	반시계 방향
기류	하강기류	상승기류
날씨	대체로 맑음	비나 눈 내리는 경우 많음

독해 노트로
전체 맥락을 읽자

초등학교 교과서에는 독해가 필요한 영어 지문보다는 등장인물이 주고받는 대화문 형식의 글이 많아. 하지만 교과서 외에 문제집을 풀거나 영어 동화를 읽다 보면 긴 지문을 쉽게 만날 수 있지. 긴 영어 지문을 읽고 싶다면 영어 독해 노트 필기를 해 보자.

본문을 옮겨 적거나 복사해서 붙이기

지문을 직접 옮겨 적는다면 검은색 펜이나 연필을 사용해. 이때 한 줄씩 띄워 적는 것이 좋아. 필기할 공간을 남겨두는 거야. 특히 소리 내어 읽으면서 옮겨 적으면 적는 동시에 공부가 돼. 만약 영어 지문이 너무 길거나 시간이 부족하다면 복사해서 붙이는 것도 좋아. 문제집에서 본 지문이라면 그대로 오려 붙여도 돼.

모르는 단어는 뜻을 써두기

모르는 단어의 뜻은 본문을 옮겨 적은 줄 간격에 적을 수 있어. 오려 붙인 경우에는 주변 여백이나 지문 밑에 단어 박스를 만들어 정리해도 좋아. 처음 보는 문법이나 문장 구조도 따로 정리해 둬. 단어 정리는 이렇게 써 봐.

영어 단어	단어의 뜻	단어가 들어간 어구나 문장
apple	사과	ex) There is an apple.

해석이 필요한 문장 고르기

모든 문장을 해석하려고 하면 금방 지칠 수 있어. 해석이 꼭 필요한 문장은 이런 것들이야.

① 모르는 단어가 들어 있는 문장

② 해석을 잘못한 문장

③ 단어는 다 아는데 문장이 해석되지 않는 경우

색깔 활용하기

파란색 볼펜은 해석이 필요한 문장이나 단어, 문법 정리에 사용해. 빨간색 볼펜은 단어의 뜻을 잘못 알았거나 해석을 틀린 문장을 표시할 때 써. 형광펜은 영어 지문 중 꼭 외워야 할 표현이나 문제 풀이에 핵심이 되는 문장에 표시하면 좋아.

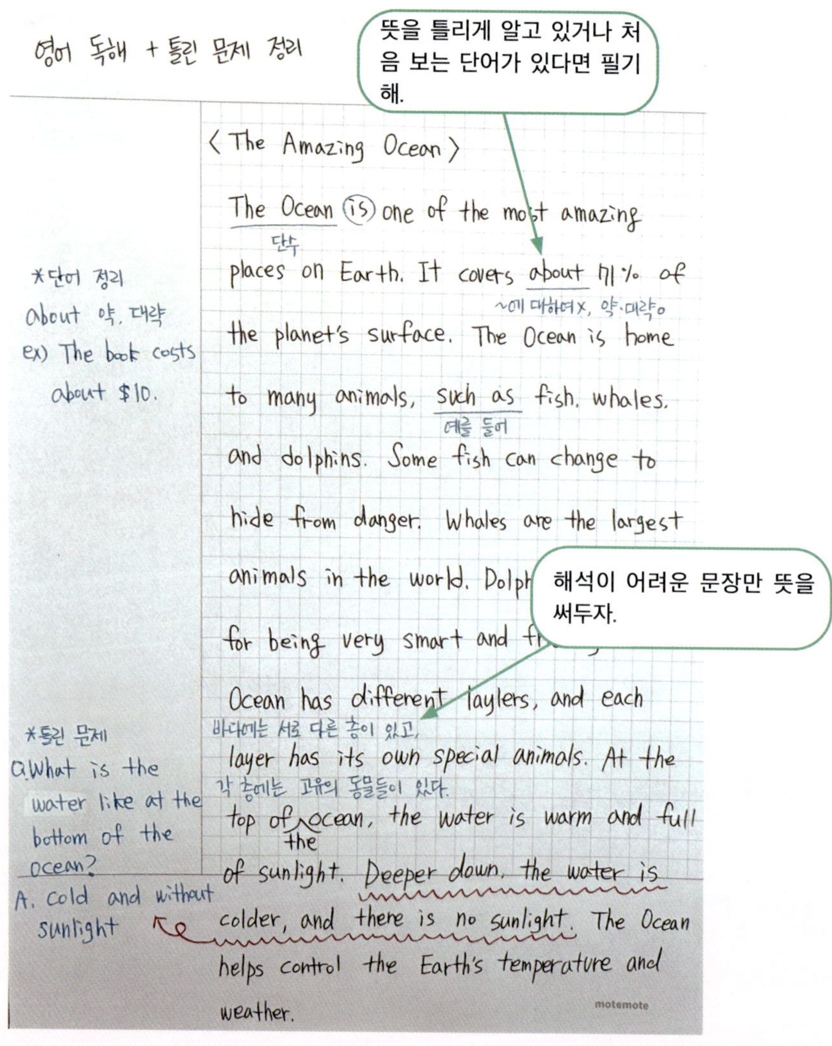

분명 영어 단어의 뜻은 다 알고 있는데도 자꾸 해석이 틀리거나 문제를 못 풀겠다고? 그럴 땐 영어 독해 노트 필기를 해 봐. 단어의 뜻을 아는 것과 문장의 의미를 이해하는 건 분명 달라. 영어 지문에는 자주 등장하는 문장 패턴이 있기 때문에 독해 노트 필기를 하다 보면 해석하지 못할 문장은 없을 거야.

단어 암기는 영어 공부의 열쇠다

영어 공부에서 가장 중요한 게 뭐냐고 묻는다면, 바로 '단어'라고 말할 수 있어! 단어는 영어 문장을 만드는 블록과 같거든. 또 단어를 많이 알면, 영어책을 읽거나 수업을 들을 때 더 쉽고 재미있게 참여할 수 있어.

영어 단어 암기 노트 만들기

영어 단어는 외울 때는 분명 기억이 나도, 시간이 조금만 지나면 금세 잊어버릴 때가 많아. 그래서 모르는 단어를 따로 노트에 정리하고 반복해서 암기하는 습관이 정말 중요해. 단어를 단순히 한 번 보는 게 아니라, 직접 기록하고 여러 번 다시 보는 과정이 필요해.

V	단어	뜻	V	단어	
v	think	생각하다.	v v v	enough	충분한
v	perfect	완벽한	v	number	숫자, 번호
v	easy	쉬운	v	enjoy	즐기다.
v v v	decide	결정하다.	v	draw	그리다.
v	know	알다.	v	practice	연습, 연습하다.
v	want	원하다.	v v	compete	경쟁하다.
v v	neighbor	이웃	v	street	거리
v	driver	운전자	v	traffic jam	교통 체증
v v	furniture	가구	v	memory	기억
v	answer	대답하다.	v v v	reserve	예약하다.
v	question	질문, 문제	v	present	선물
v v v	concentrate	집중하다.	v	special	특별한
v	vacation	방학	v	together	함께

① **영어 공책 접기**

- 공책에 자로 선을 그어 칸을 나누어 보자.

- 예: [✓ / 영어 단어 / 뜻] 으로 구분

✓	단어	뜻	✓	단어	뜻
✓	think	생각하다.	✓ ✓ ✓	enough	충분한
✓	perfect	완벽한	✓	number	숫자, 번호

② **✓ 표시 활용하기**

- ✓ 는 단어의 중요도를 나타내.

  ✓ ✓ ✓ = 시험 전에 꼭 확인해야 할 단어!

- 특히 잘 외워지지 않거나 중요한 단어는 형광펜으로 표시해 빠르게 확인해.

③ **단어 암기 방법**

-눈으로만 보지 말고 소리 내어 읽는 것도 좋아.

-기억이 잘 안 나는 단어는 검색해서 예문 확인 → 예문과 함께 암기해 보자.

④ **조금씩 채우는 습관**

한 번에 너무 많이 적으려고 하지 말고, 모르는 단어가 나올 때마다 조금씩 채워 넣는 방식으로 활용해 보자.

영어 단어 암기 반복하기

영어 단어는 한 번 본다고 외워지지 않아. 지금은 기억나도 시간이 지나면 금방 잊어버릴 수 있어. 그래서 반복해서 확실히 암기하는 것이 무엇보다 중요해.

- 오늘 외운 단어 → 다음 날 바로 복습

- 복습할 때는 노트 위에 正(바를 정) 표시로 복습 횟수 기록

　　　예: 正 = 5회 복습, 正正 = 10회 복습

이렇게 하면 내가 몇 번 복습했는지 한눈에 확인할 수 있어. 꾸준히 기록하면 단어 공부가 습관이 된다는 걸 잊지 마!

선생님만의 암기 비법을 알려주세요

주_ 요즘 다시 공부를 시작하면서 예전엔 어떻게 공부했는지 실감이 안 나고, 새삼 어렵게 느껴지는 순간이 많아요. 선생님들은 학창 시절에 공부하면서 정말 힘들었던 점이 있었나요?

좌_ 저는 초등학교를 졸업하고 중학교에 올라갔을 때, 공부 방법을 몰라서 정말 고생했어요. 교과서 내용도 초등학교 때와는 다르고, 갑자기 중간·기말고사 같은 시험이 생기니까 어떻게 계획을 세워야 할지 몰랐거든요. 선생님들은 교과 내용은 가르쳐 주시지만, 공부법이나 시험 준비 방법은 알려주시지 않아서 더 힘들었어요.

윤_ 저는 수업 시간에는 잘 집중했는데, 혼자 공부하는 시간을 잘 운영하지 못했던 게 어려웠어요. 혼자 공부할 때는 처음부터 끝까지 스스로 시간을 계획해야 하잖아요. 그게 막막했어요.

주_ 맞아요. 공부는 언제나 어렵고 힘든 길 같아요. 문제도 풀어야 하고, 배운 내용도 복습해야 하고, 졸음도 참아야 하고… 그중에서도 암기가 제일 힘들었던 것 같아요. 외워도 돌아서면 잊어버리고, 문제를 풀 때 기억이 안 나고요. 선생님들은 암기할 때 어떤 방법을 쓰셨나요?

휘_ 저도 암기가 정말 어려웠어요. 특히 영어 단어나 복잡한 개념은 아무리 봐도 머릿속에 안 들어오더라고요. 그래서 저에게 맞는 암기법을 찾으려고 정말 별의별 방법을 다 써봤어요.

주_ 휘경쌤, 구체적으로 어떤 방법을 사용하셨는지 궁금해요!

휘_ 책에 밑줄 치면서 소리 내어 읽기, 노트에 써 가며 외우기, '구멍 뚫기'라고 하죠? 화이트로 중요한 부분을 가리고 외워보는 방법도 해봤어요. 그중에서 저한테 제일 잘 맞았던 건 작은 종이에 외울 내용을 써서 들고 다니며 자투리 시간마다 보는 방법이었어요. 저는 특히 씻을 때 암기가 잘 됐어요! 샤워기 옆에 클리어 파일을 붙여놓고, 거기에 암기 종이를 끼워 넣었거든요. 눈 뜨고 한 번 보고, 머리 감으면서 눈 감고 외우고… 이런 식으로요. 짧은 시간을 알차게 쓰는 성취감 덕분인지 저에겐 이 방법이 정말 잘 맞았어요.

주_ 저도 자투리 시간을 활용해서 외우는 게 효과적이었어요. 스마트폰 케이스에 포스트잇을 붙여서 외울 때까지 안 떼고 계속 봤어요. 밥 먹을 때도 보고, 걸어다닐 때도 보고, 화장실에서도 보고. 보다 보면 어느 순간 포스트잇 자체가 머릿속에 각인되더라고요!

윤_ 요즘에는 스마트폰 케이스 안에 넣을 수 있는 카드 크기 암기 자료도 나오더라고요. 정말 좋은 아이디어인 것 같아요.
암기는 역시 여러 번 반복해서 보는 것이 제일 중요하다고 생각해요. 저는 큰 노트에 필기한 내용을 작은 수첩에 옮겨 적어서 자주 꺼내 봤어요.

주_ 오, 저도 여러 번 보려고 노력했어요. 노트 필기한 걸 펼쳐놓고 단어만 보고 허공에 대고 설명하듯 중얼중얼 외우는 연습을 많이 했어요.

좌_ 제 단짝 친구가 선교 1등이었는데, 그 친구는 밥 먹을 때도 자기가 외워야 할 내용을 저한테 자꾸 설명하더라고요. 주영쌤이 말한 방법과 비슷하죠. 저는 A4용지에 암기할 내용을 정리해 놓고, 반복해서 읽거나 연습장에 써 보며 외웠어요. 정말 암기는 반복이 최고예요. 안 외워진다 싶으면 '한 번 더 외우면 된다!'라는 마음이었어요.

암기와 복습 루틴 만들기

윤_ 저도 최근에 자기 발전을 위해 자격증 시험을 준비했는데, 시험 전날 빈 A4용지에 가장 중요한 내용만 정리해서 시험장에 들고 갔었어요.

휘_ 사담이지만 지금도 공개수업이나 중요한 발표가 있으면 씻으면서 중얼중얼 시나리오를 외우며 준비하곤 해요. 한 번 몸에 밴 공부 습관은 평생 함께하는 것 같아요.

좌_ 제가 고학년 담임을 맡았을 때는 정말 안 외워지는 내용은 스마트폰 배경화면으로 저장하라고 했어요. 카톡 프로필 사진도 암기할 내용을 캡처해서 넣어 보라고 했고요. 일상에서 자주 보는 물건을 활용하면 자연스럽게 반복 학습이 되더라고요.

주_ 배경화면 바꾸기! 저도 6학년을 가르칠 때 자주 말했어요. 특히 사회·역사처럼 복습이 어려운 단원은 그림으로 정리해서 잠금화면으로 쓰라고 권했어요. 선생님들은 복습을 어떻게 하셨나요? 각자 팁이 있으신가요?

좌_ 저는 '수업 끝나고 5~10분만 정리하기'를 정말 추천해요. 대부분 수업이 끝나면 바로 놀고 싶잖아요. 그 마음을 잠깐만 참고, 그 자리에서 바로 복습과 정리를 하면 기억에 오래 남아요. 5~10분 투자로 한 시간 효과가 난다고 생각해요.

주_ 저는 아침·점심 같은 긴 쉬는 시간을 활용했어요. 1~4교시 전에 지난 시간 노트나 정리 페이퍼를 훑어보고, 점심에는 5~6교시 확인 후 다시 복습했어요. 솔직히 짧은 쉬는 시간에는 놀고 싶은 유혹을 못 이겨서, 긴 시간을 활용했지요. 하하.

윤_ 저는 수업 시간에 여러 쪽으로 필기한 내용을 나만의 언어로 압축해 요약하는 방식으로 복습했어요. 스스로 줄일 수 있다는 것은 이미 내용을 이해했다는 뜻이기도 하거든요.

휘_ 저는 친구에게 설명하며 복습하는 방법이 효과적이었어요. 다 아는 줄 알았는데 막히는 부분이 나오면 제 약점을 확인할 수 있었거든요. 또 따로 시간을 내서 저만의 노트를 꼭 정리했어요.

주_ 공부 친구를 만드는 것도 좋은 방법 같아요! 서로 설명하다 보면 부족한 부분을 채울 수 있고, 또 열심히 하는 친구 모습을 보면서 자극도 받게 돼요. 저도 임용고시 준비할 때 '짝 스터디'라고 해서 친구랑 같이 공부했는데 함께 공부하는 힘이 정말 컸어요.

윤_ 복습 꿀팁이 다양하네요! 그리고 수업 후 하루 이내에 복습하는 게 정말 중요하다고 생각해요. 저도 지금 외국어 공부를 하고 있는데, 복습을 하지 않으면 금세 잊어버리게 되더라고요.

좌_ 맞아요. 복습은 빠를수록 좋아요. 미루면 미룰수록 다시 기억하는 데 드는 시간이 더 많이 필요해요.

단기간 성적 올리기, 가능할까요?

주_ 중학교에 올라갈 친구들이 공부 방법을 많이 걱정해요. 중학교에 가서 성적이 떨어지는 경우도 많고요. '단기간에 성적 올리는 방법'을 종종 묻는데, 선생님들은 어떻게 생각하세요?

윤_ 단기간에 성적을 올리기는 정말 쉽지 않아요. 기초부터 다지는 게 좋아요. 시험 첫 장에 나오는 기본 문제는 무조건 맞히기. 그게 우선이에요.

주_ 오, 저와 비슷한 생각을 하셨네요. 쉬운 문제를 절대 틀리지 않게 꼼꼼히 준비하는 게 지름길이라고 생각해요. 문제를 풀 때는 아는 내용도 다시 필기해 가면서 꼼꼼하게 보고, 보기 문장이 왜 맞고 틀리는지 이유를 메모하며 공부했어요. 문제 하나하나에 집중했지요.

휘_ 문제를 오래 보는 건 쉽지 않지만, 선생님 방법처럼 하면 내가 알고 있는 내용을 한 번 더 확인할 수 있겠네요.

좌_ 솔직히 단기간 성적 올리기는 욕심일 수 있어요. 그게 가능하려면 그동안 못한 공부를 메울 엄청난 노력이 필요해요. 한 가지 방법을 추천하라면, 교과서를 열 번 이상 읽고 가장 쉬운 문제집을 빠르게 푸는 거예요.

휘_ 저는 문제를 많이 풀어 보는 방법도 추천해요. 그냥 푸는 게 아니라, 틀린 문제와 찍어서 맞은 문제를 모아 보면 어떤 부분이 부족한지 알 수 있어요. 그 부분을 보완하고 다시 풀면서 반복하면 가장 빠르게 성장할 수 있어요.

공부 루틴 만들기

윤_ 선생님들은 공부 루틴이 따로 있으셨나요?

좌_ 저는 시험공부를 할 때 체크리스트를 항상 만들었습니다. 지금 학생들이 많이 하는 플래너와 비슷한데요. 오늘 내가 총 세 가지의 공부를 해야 한다면 네모 박스에 내용을 적고, 어떤 일이 있어도 이 세 가지를 마무리했습니다.

윤_ '시험' 하니까 시험 기간 루틴도 생각나네요. 저는 시험 기간에는 시험 시작 전에 꼭 화장실에 다녀왔어요. 가끔 시험 때 너무 긴장해서 화장실에 가고 싶어지는 바람에 시간 관리를 실패하는 학생들을 보게 되거든요. 그래서 지금도 수행평가 때 긴장을 많이 하는 친구들에게는 화장실에 한 번 다녀오면서 크게 숨 쉬고 오라고 해요.
저는 전 과목 중에 수학이 가장 어렵고 지루했기 때문에 방과 후에는 무조건 수학으로 공부를 시작했어요. 그리고 저녁 먹기 전까지 수학 공부를 끝내기!

좌_ 맞아요. 저도 이 방법이 좋다고 봅니다. 내가 제일 싫어하는 또는 어려워하는 과목부터 해결해야 그다음 시간이 즐겁거든요.

주_ 반대로, 제일 집중 잘 되고 좋아하는 과목은 자기 전에, 조금 피곤할 때 공부해도 잘되더라고요. 어떤 걸 먼저 공부할지 잘 정하는 것도 공부 효과를 높이는 방법인 것 같아요.

휘_ 저도 플래너를 만들어서 사용했어요! 그날 해야 할 일은 그때그때 달랐지만, 공부의 첫 시작은 플래너에 무슨 공부를 할지

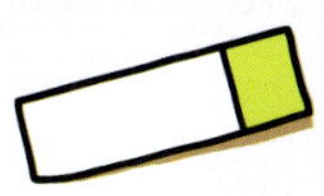

적어두고, 끝낼 때마다 체크해서 없애는 과정이 재미있었어요.

윤_ 저도 스터디 플래너를 애용했었는데, 잠들기 전까지의 계획을 세우는 게 루틴이었어요. 중요한 건 계획이 계획만으로 끝나지 않게 하는 것이었는데, 지키기가 쉽지는 않죠.

주_ 저는 플래너에 그날 공부할 것과 우선순위를 표시해 두고 공부를 시작했던 것 같아요. 꾸준히 플래너를 사용했더니 항상 시간과 과목이 일정한 패턴을 보이더라고요. 예를 들면 4시부터 두 시간은 국어나 영어, 8시부터 두 시간은 수학이나 과학, 이런 식으로요.

좌_ 플래너 같은 도구의 사용이 공부의 시작인 만큼, 고민하지 말고 일단 공부를 시작하는 게 가장 중요한 것 같아요. 시작도 하지 않고 가만히 있는 건 좋지 않거든요.

4장

준비가 완벽하면 시험도 잘 볼 수 있어

시험 대비 전략

수업이 끝나고 스스로 공부하며 열심히 작성한 노트. 노트를 썼다는 '행동'에만 의미를 두면 2%만 공부한 거야. 진짜 똑똑하고 공부 잘하는 친구들은 필기하면서 한 번, 다시 보며 두 번, 세 번 반복해 공부한 내용을 완전히 자기 것으로 만들어.

다시 보기 3의 법칙

'다시 보기 3의 법칙'이란, 노트를 세 번에 걸쳐 효과적으로 복습하는 방법이야.

① 첫 번째 보기:

왼쪽 위부터 오른쪽 아래까지, 노트에 적힌 모든 내용을 눈으로 빠르게 훑기

② 두 번째 보기:

손으로 짚어가며 한 줄씩 천천히 읽기. 혼자 공부할 땐 소리 내어 읽는 것도 좋아.

③ 세 번째 보기:

강조 표시가 된 부분을 중심으로 복습하기.

이 3단계를 따라 노트를 다시 보면, 필기한 내용이 머릿속에 훨씬 잘 입력될 거야.

노트 필기를 다시 보는 것, 왜 중요할까?

노트 필기를 '다시 보는 것'은 우리가 공부한 내용을 머릿속에 더 단단히 심고, 공부의 가지를 뻗어나가는 중요한 활동이야. 노트 필기를 다시 보는 것이 중요한 이유를 알려줄게.

① 기억을 꽉 붙잡아 줘: 새로운 것을 배우면 시간이 지나면서 예전에 공부한 내용은 자연스럽게 잊어버리기 쉬워. 노트 필기를 다시 보면 '이 내용은 정말 중요한 정보야!'라고 뇌에게 계속 알려주는 것과 같아. 반복해서 노트 필기를 보면 단기 기억이 장기 기억으로

바뀌어서 나중에 쉽게 공부한 내용을 꺼내 쓸 수 있어.

② **더 깊이 이해하게 도와줘:** 새로 배운 내용을 한 번 공부하는 것과 열 번 공부하는 것은 그 깊이의 차이가 있겠지? 처음 노트 필기를 할 때 누구나 모든 내용을 한 번에 완벽히 이해하기는 어려워. 하지만 다시 노트 필기를 읽어보면 '아, 이게 그 뜻이구나!' 하고 좀 더 또렷이 이해할 수 있어. 또 필기의 내용들을 연결 지으며 내용을 더 풍부하고 자세하게 공부할 수 있지.

③ **모르는 것을 알려줘:** 노트 필기를 다시 보면 술술 잘 이해되고 고개를 끄덕이며 '아, 그때 선생님이 이걸 설명해 주셨지!' 하고 잘 이해되는 부분도 있지만, '음… 이게 무슨 말이었지?' 하고 헷갈리는 부분을 발견하게 돼. 막히는 부분이 바로 내가 아직 부족한 부분이지. 이런 부분을 잘 파악해서 다시 공부하고 교과서를 다시 찾아보고, 선생님께 질문하는 과정에서 내가 부족한 부분을 탄탄히 보완할 수 있어.

그렇다면, 어떻게 노트 필기를 다시 보면 좋을까? 노트 필기를 다시 본다는 것은 그저 눈으로 다시 훑어보는 것이 아니야. '다시 공부한다'는 의미이지! 노트 필기를 보고 또 보며 어떤 내용을 필기했고, 어떻게 필기했는지까지 머릿속에 넣으면 언제 어디서나 공부한 내용을 이야기할 수 있어. 그럼 노트 필기를 다시 보는 구체적인 방법은 무엇일까?

- **1단계. 핵심 단어를 보고 내용 설명하기**

노트 필기의 꽃, '핵심 개념'. 노트에 적힌 중요한 단어나 문구를 보고, 그 내용에 대해 스스로 소리 내어 설명해 보는 거야. 종이 한 장을 준비하고 필기 자리를 가려. 그러면 왼쪽에 있는 핵심 개념만 남겠지? 핵심 개념을 보면서 차례대로 어떤 내용이었는지 설명해 보고, 필기 자리를 가렸던 종이를 조금 아래로 내려서 내가 설명한 내용과 공부한 내용이 일치하는지 확인해 보는 거야. 만약 핵심 개념을 보고서 어떻게 설명할지 한 번에 떠오르지 않는다면, 다시 노트 필기 전체 내용을 천천히 읽어보고, 헷갈리는 부분은 교과서도 한 번 찾아봐. 특히 기억이 잘 나지 않는 내용은 형광펜이나 인덱스 포스트잇으로 표시해 두는 것도 좋아.

참! 핵심 개념을 보고 설명할 때는 마음속으로 '대충 이렇게 설명하면 되겠다~' 하고 넘기는 것이 아니라, 입으로 말하면서 정확한 문장으로 끝맺음이 되도록 말해보는 것이 중요해. 마치 내가 선생님이 돼서 친구를 가르친다는 느낌으로! 필기 자리에 적었던 구체적인 내용을 보지 않고 설명할 수 있다면 정말 잘 이해하고 있다는 뜻이야.

학습문제	빛이 볼록렌즈를 통과할 때 어떻게 나아갈까요?
볼록렌즈	
볼록렌즈를 통과하는 빛	종이로 가리기

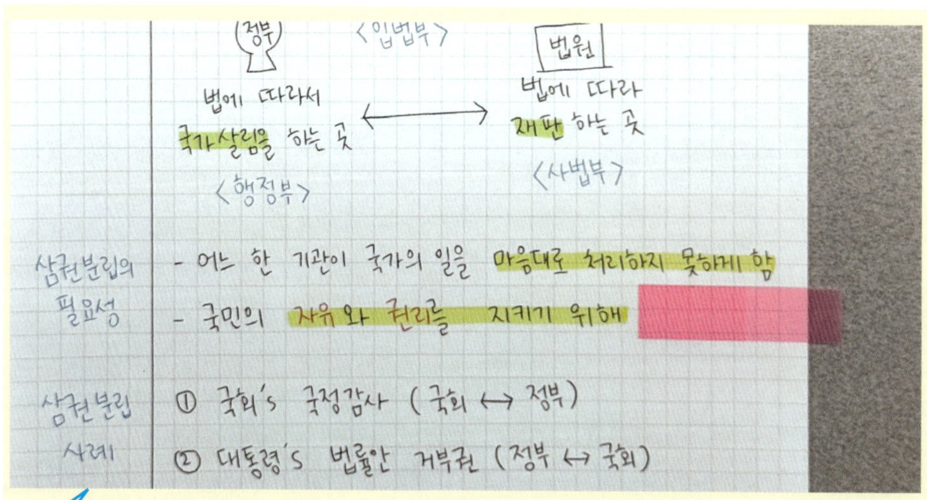

노트 필기를 다시 볼 때는, 노트를 깔끔하게만 두는 것보다 내가 공부한 흔적을 남기는 것이 훨씬 좋아. 흔적을 남길수록 중요한 부분과 내가 취약한 부분이 한눈에 드러나기 때문이야.

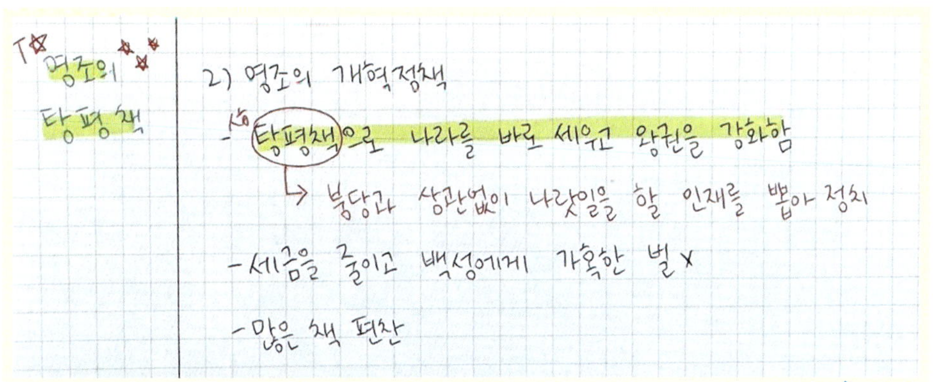

선생님께서 강조하신 부분이나 시험에 나올 가능성이 높은 내용을 골라 표시하는 거야. 표시 방법은 나만의 방식으로 정하면 돼. 시험에 나올 것 같은 부분에는 'ㅅㅎ'이라고 작게 써두거나, 선생님이 강조하신 부분에는 'T☆'처럼 표시하는 거지(여기서 T는 Teacher를, ㅅㅎ은 시험을 의미해).

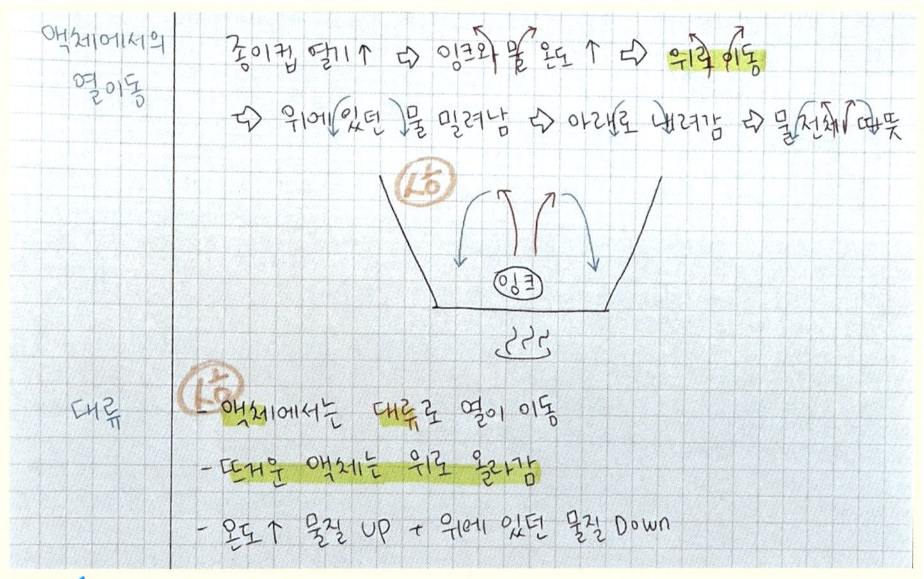

형광펜이나 별표 표시가 있으면 자연스럽게 그 부분에 눈이 가게 돼. 평소에 복습할 때는 반드시 '다시 보기 3의 법칙'을 떠올려서 꼼꼼하게 다시 보는 것을 잊지 마!

노트 필기를 한 후 반복해서 봐야 하는 건 알지만, 어떻게 해야 할지 몰라서 막막했던 적이 있지? 노트 필기는 한 번 쓰고 끝나는 것이 아니기 때문에 반복하는 방법을 익히고 꾸준히 실천하는 것이 가장 중요해. 우리 함께 방법을 알아보자.

반복 횟수 기록하기

내가 쓴 노트를 몇 번 반복했는지 기록해 봐. 기록하는 방법은 다양해. 예를 들어, 노트의 위쪽에 正(바를 정) 한자를 활용해서 내가 이 공책을 몇 번 반복해서 봤는지를 적는 거야. 단순한 방법이지만, 正 자가 하나씩 늘어날수록 "아, 내가 이 노트 필기를 정말 열심히 공부했구나!" 하는 성취감을 느낄 수 있어서 좋아.

쉬는 시간 투자하기

수업이 끝나고 10분 쉬는 시간이 있지? 정말 수업 시간은 천천히 가는데, 쉬는 시간은 왜 그렇게 빨리 가는지 모르겠지? 그런데 이 쉬는 시간을 어떻게 활용하느냐에 따라 나의 성적이 달라져. 예를 들어, 수업이 끝난 후 5~10분 동안 방금 들은 수업 내용을 정리하는 친구와 아무것도 하지 않는 친구 사이에는 큰 차이가 생겨. 노트 필기도 마찬가지야. 오늘 필기한 노트를 5~10분 투자해서 다시 한 번 읽어 봐. 그리고 다음 날, 새로운 노트를 쓰기 전에 다시 한 번 읽는 거야. 처음에는 5~10분이 필요하지만, 반복할수록 1분만 봐도 전체 내용이 떠오를 거야.

① **첫째 날:** 수업 직후 5~10분 → 오늘 쓴 노트 다시 읽기
② **둘째 날:** 수업 시작 전 5~10분 → 어제 쓴 노트 다시 읽기
③ **셋째 날:** 수업 시작 전 5~10분 → Day 1, Day 2 노트 다시 읽기

투명 포스트잇 쓰기

노트를 그냥 읽기만 하는 건 좋지 않아. 계속해서 보충할 내용을 찾아서 써 나가는 습관이 중요해. 예를 들어, '우리나라의 지형'을 노트에 필기했다고 해 볼게. 처음엔 교과서에 나온 그림을 따라 그리기 어렵다 보니 글로만 정리했을 수도 있어. 이럴 때 투명 포스트잇을 활용하면, 나중에 우리나라의 지형을 따라 그려 붙일 수 있어.

복잡한 그림이나 표, 도식 등을 정리할 때도 투명 포스트잇은 정말 유용해. 눈으로만 반복해서 보는 것보다, 직접 쓰고 그리며 눈과 손이 함께 움직일 때 훨씬 오래 기억에 남는다는 걸 알아둬!!

포스트잇 활용하기

노트 필기를 할 때 꼭 필요한 준비물 중 하나가 바로 포스트잇이야. 처음 노트 필기를 할 때, 여백 없이 빼곡하게 쓸 때가 있잖아? 노트를 반복해서 보다 보면 새롭게 추가하고 싶은 정보나 내용이 생기게 마련이야. 이럴 때 포스트잇을 활용하면 여백이 없어도 학습 내용을 추가할 수 있어.

또, 포스트잇이 기존 내용을 가리고 있어도 살짝 들어 올리면 원래 내용을 볼 수 있잖아? 그래서 기존 내용을 유지하면서도 보완할 수 있다는 점에서 아주 좋아. 노트 필기를 다시 볼 때, 포스트잇을 앞에 놓고 추가 내용을 적어 붙여 나가면 세상에 하나뿐인, 진짜 나만의 노트가 완성되는 거야.

• 자전축 : 지구의 북극과 남극을 이은 가상의 직선

• 지구가 서쪽으로 동쪽으로 자전하기 때문에

하루 동안 태양과 달의 위치가 동쪽에서 서쪽으로 움직이는 것처럼
보임.

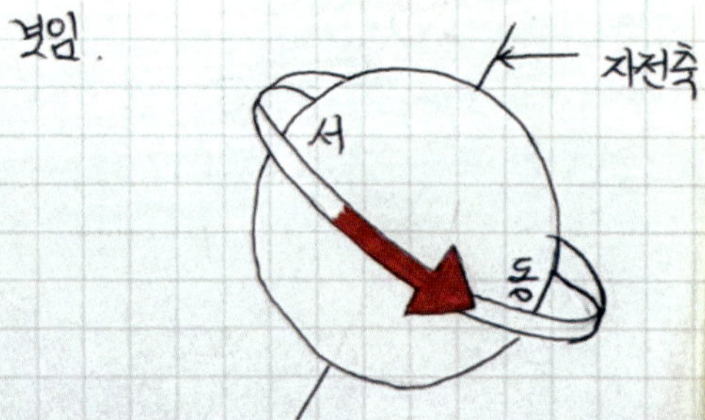

노트를 다시 보면서, 수업시간에 선생님께서 중요한 내용이라고 강조하신 부분은 문제로 만들어서 포스트잇으로 붙여 봐. 누구도 흉내낼 수 없는 만점짜리 시험대비 노트가 돼!

"노력은 배신하지 않는다! 지금은 결과가 보이지 않아도, 언젠가 반드시 빛나는 순간이 올 거라고 믿으면서, 하루하루 노력하는 자신을 칭찬해 줘. 지금의 노력이 너를 더 단단하게 만들어 줄 거야!"

중학교에 가면 시험을 치르게 돼. 시험을 준비하는 기간이 바로 '시험 기간'이야. 지금부터 '실력 점검 주간'을 만들어 시험 기간처럼 공부하는 연습을 하면, 중학교에 가서도 시험 기간에 당황하지 않고 차분하게 준비할 수 있어.

모의 시험 날짜 정하기

모의 시험 날짜를 정해서 달력에 표시해. 그날은 진짜 시험을 보듯 조용한 환경에서 문제를 풀어볼 거야.

목표와 과목 정하기

점검 주간 안에 완성하고 싶은 목표를 정해 봐. 목표는 과목별로, 구체적으로 쓰는 것이 좋아. 예를 들어 수학 과목은 '비례식의 활용 계산 실수 줄이기', '점수 90점 이상 맞기' 등으로, 사회 과목은 '세계 여러 나라의 특징 100% 암기하기' 등으로 구체적인 목표를 세워 보자.

기간별 공부 전략 세우기

시험 준비는 보통 2주 전부터 시작해. 시험 준비 기간이 너무 길면 집중력이 떨어지고, 너무 짧으면 공부할 양을 다 보지 못할 수 있어.

① **1주 차: 전 범위 훑기**

교과서, 노트 필기, 문제집 전 범위를 빠르게 보면서 이해한 부분과 헷갈리는 부분을 구분해. 특히 문제를 풀면서 틀린 부분이나 헷갈리는 부분은 반드시 표시해 두는 것이 중요해.

② **2주 차: 부족한 단원 집중하기**

표시해 둔 부분을 골라서 반복 학습하고 정리하는 것이 핵심이야. 틀렸던 문제를 다시 풀고 오답 노트를 정리하거나, 헷갈렸던 개념만 골라서 암기해.

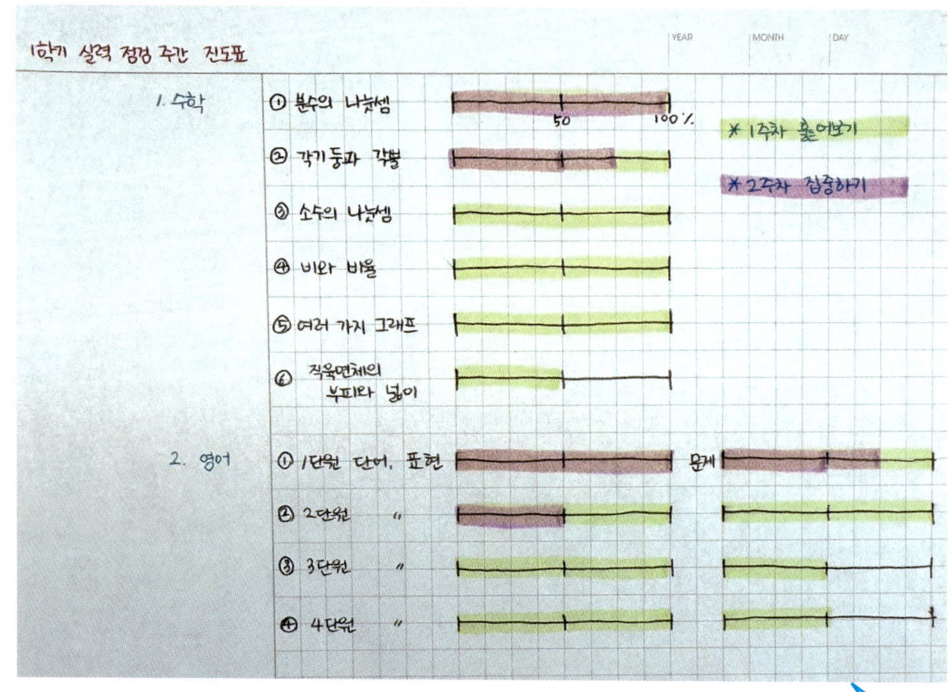

공부한 범위를 확인하려면 나만의 진도표를 만들어 보자. 시험 범위에 맞춰 수직선을 그리고, 공부할 때마다 형광펜으로 채워 나가는 거야. 이때 1주 차와 2주 차에 다른 색을 사용하면 한눈에 구분이 가능해. 예를 들어, 1주 차는 노란색, 2주 차는 보라색과 같이 정해 두고, 공부할 때마다 진도표에 겹쳐서 표시해 보자. 그럼 1주 차와 2주 차에 각각 몇 단원을 얼마나 공부했는지 확인할 수 있고, 수직선에 색이 채워질수록 성취감도 함께 느낄 수 있어.

③ 하루 전: 마무리 점검하기

이날은 새로운 문제는 풀지 말고, 오답 노트와 계속 헷갈렸던 개념 위주로 복습해. 늦은 시간까지 공부하는 것보다 잠을 충분히 자는 것이 더 좋아! 만약 시험 범위가 넓지 않다면 2주보다 짧게 잡아도 괜찮아. 예를 들어 시험 범위가 한 단원 정도인 단원 평가라면 일주일 전부터 시작해도 충분해. 하지만 중요한 것은 시험 전날에 모든 범위를 몰아서 공부하지 않는 거야. 평소에 조금씩 나눠서 공부하는 습관을 들이도록 하자.

모의 시험 날짜에 진짜처럼 시험 보기

정해진 날짜에 시간 제한을 두고, 진짜 시험처럼 문제를 풀어봐. 시험이 끝나면 채점하고, 점수를 스터디 플래너에 기록해. 이렇게 하면 나의 성장 내용을 한눈에 확인할 수 있어. 중요한 건 모의 시험이 끝난 후야! 틀린 문제는 반드시 복습하고, 실력 점검 주간 중 잘한 부분과 아쉬운 점을 기록해서 부족한 부분은 개선해아 헤.

"작은 시작이 큰 성공을 만든다! 거창한 계획보다 중요한 건 매일매일의 작은 실천이야. 매일 조금씩 공부하는 습관을 들인다면, 나중에 원하는 꿈을 이뤄내는 큰 성과로 이어지게 될 거야!"

수학 시험을 완벽하게 대비하는 백지 공부법

수학은 정말 많은 학생에게 가장 어려운 시험인 것 같아. 어떻게 하면 내 수학 실력을 최대치로 끌어 올려 수학 시험에서 좋은 성적을 얻을 수 있을까?

수학 선생님은 바로 나!

교과서를 여러 번 반복해서 개념을 학습해도 내가 정말 이 개념을 잘 이해하고 있는지 확인하고 싶을 때가 있어. 분명 여러 번 반복했고, 노트 필기도 잘했지만 누군가가 나에게 수학 개념을 물어보면 어떻게 설명해야 할지 몰라서 당황한 적 있어? 공부를 잘했는지 확인하는 가장 좋은 방법은 바로 내가 학습한 내용을 백지에 쓰고 스스로 설명해 보는 거야. 공부할 때는 내가 학생이었지만, 공부가 끝나고 내가 제대로 개념을 이해하고 있는지 확인할 때는 내가 선생님으로 변하는 거야.

① **학생 모드**

개념 학습하기 → 노트 필기하기 → 개념 학습과 노트 필기 반복하기

② **선생님 모드**

백지 노트 작성하기 → 개념 설명하기 → 개념 설명 부족한 부분 보완하고 반복하기

이제 수학 노트를 펼쳐서 내 앞에 학생이 있다고 생각하고 내가 학습한 내용을 설명해 봐. 처음에는 어색하겠지만 설명을 하다 보면 내가 분명히 이해했다고 생각한 내용이었는데 이해를 잘 못했다고 생각이 들 거야. 그 부분은 내 약점이기 때문에 설명 공부법이 끝난 다음에 반드시 이해하고 넘어가야 해. 선생님 역할을 할 때 가족 또는 친구 등을 대상으로 하는 걸 추천하지만, 혼자서 설명하는 공부 방법을 적용해도 좋아.

백지 공부법으로 채우는 백점 학습

백지 공부법은 내가 공부한 내용을 A4 용지에 적는 거야. 정말 많은 사람이 추천하는 유명한 공부 방법이야.

- **삼각형 세 각의 합은 180도를 이해했는지 확인하는 백지 노트를 작성하기**

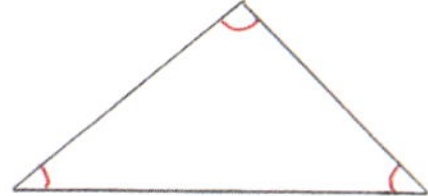
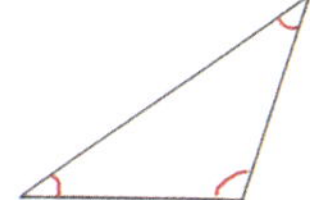
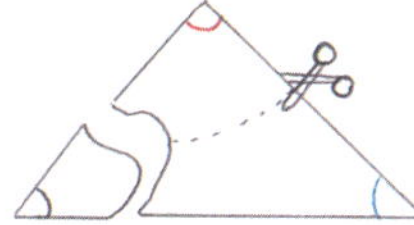

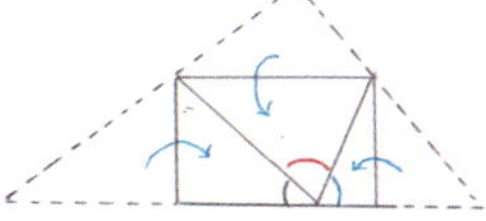
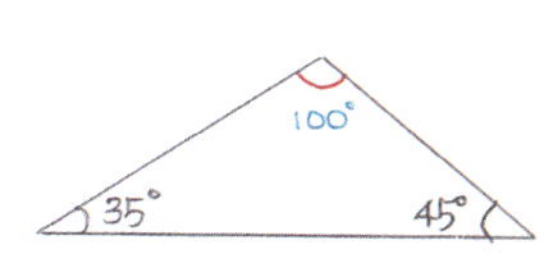
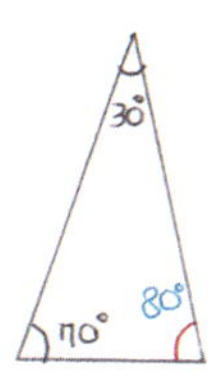

A4 용지를 반으로 접기(선택) → 내가 공부한 내용을 아무것도 보지 않고 A4 용지 왼쪽 위부터 쓰기 → 공부한 내용이 기억나지 않을 때는 잠시 노트 등을 본 후 이어서 쓰기 → 노트 필기한 내용을 보면서 빠진 내용은 없는지 확인하기 → 여러 가지 색을 활용해 백지 완성하기

내가 공부한 내용을 아무것도 보지 않고 쓸 때 중요한 건 내가 아는 내용을 가능한 한 많이 써야 한다는 거야. 글만 적기보다는 그림과 표 등을 활용해서 백지를 채워야 해. 백지를 완성할 때는 한 가지 색으로 필기하기보다는 여러 가지 색을 활용해 중요한 내용이 한눈에 보이게 적는 걸 추천해.

백지 공부법은 한 단원 또는 시험 범위, 오늘 내가 공부한 내용을 잘 이해했는지 확인할 때 정말 좋아. 무엇보다 가장 좋은 건 내가 무엇을 모르는지, 내가 무엇을 잘 기억하지 못했는지를 알 수 있기 때문에 나의 수학 개념을 완벽하게 정리할 수 있게 도와줘. 백지 공부법은 '보는 공부'에서 '꺼내는 공부'로 바꿔주는 가장 강력한 자기 주도 학습법이기 때문에 여러 번 반복해서 습관화해야 해.

틀린 문제를 발견하면 기뻐하자

수학 문제를 풀다가 문제를 틀리면 기분이 좋지 않지? 하지만 정말 다행인 건 지금 푼 수학 문제는 연습이라는 거야. 실제 시험 문제를 틀린 게 아니잖아? 연습할 때는 틀려도 괜찮아. 단, 틀린 문제를 절대 그냥 넘어가면 안 돼. 이 문제를 어떻게 해결해야 하는지 정확히 이해하고 넘어가는 것이 중요해.

① 틀린 문제 발견

② 틀린 문제를 다시 풀어보기(절대 해설 보지 않기)

③ 지금 당장 풀리지 않는다면 포스트잇에 틀린 문제를 적어 책상 또는 스마트폰 뒤에 붙이거나, 스마트폰으로 문제를 찍어 배경화면으로 한 후 2~3일 고민해 보기

④ 고민을 해봤는데 문제가 해결되지 않을 경우, 해설지를 펼친 후 해설 내용 전부 가리기

⑤ 만약 10번 문제의 해설이 다섯 줄일 경우 첫 번째 줄을 읽고 문제를 다시 풀어보기. 그래도 해결이 안 되면 두 번째 줄을 보고 또다시 풀기

⑥ 틀린 문제를 오답노트에 필기하기

많은 학생이 실수하는 것 중 하나가, 내가 틀린 문제의 해설을 본 후 '아, 이거 내가 아는 거였네.', '내가 실수했네.' 등으로 공부가 부족해서 틀린 것이 아닌 단순 실수 등으로 생각한다는 거야. 문제를 틀렸다는 건 내가 몰라서 틀린 거야. 내가 이 문제를 정확히 이해하고 풀었는지를 판단하고, 그렇지 않다면 해설지를 보지 말고 오랜 시간을 투자해 고민하는 것이 가장 중요해. 해설지는 빠르게 문제를 해결해 주지만, 시험 문제는 해설지가 해결해 줄 수 없

다는 걸 잊지 마. 앞으로 우리가 해결해야 할 수많은 시험 문제는 스스로 해결해야 한다는 사실은 절대 변하지 않아.

나에게 맞는 문제집 고르는 법

수학 문제집을 고를 때는 서점에 직접 가서 문제집을 살펴보는 걸 추천해. 부모님이 사다 준 문제집보다 내가 직접 여러 문제집을 비교해서 선택하면 책임감과 관심이 생겨 끝까지 포기하지 않고 문제집을 다 풀 수 있어. 학습의 첫 단추를 스스로 꿰는 경험은 모든 성공의 시작점이야.

① 나의 수준 파악하기

나의 수준에 맞는 문제집을 선택해야 해. 내 수준이 만약 상위권이라면 너무 쉬운 문제가 많은 문제집보다는 내가 도전해야 하는 문제 또는 생각을 오래 해야 하는 문제가 있는 문제집을 선택하는 걸 추천해. 만약 계산 실수가 많고 수학 기본 개념을 잘 이해하지 못했다면 기본 개념 문제집을 선택해서 모든 문제를 꼼꼼하게 풀어야 해.

② 문제집을 풀기 시작하면 끝을 보기

보통 많은 학생이 문제집의 첫 단원만 열심히 풀고 이후에는 문제집을 꺼내보지 않아. 내가 산 문제집은 반드시 내가 정한 기간 동안 다 풀어야 해. 문제집에 너의 손때가 모든 쪽수에 묻어날 때 수학 실력이 향상돼.

③ 첫 단원부터 풀지 않기

문제집을 사면 첫 단원부터 풀어야 한다는 생각을 갖고 있는 학생이 있어. 내가 공부하고 싶은 단원부터 문제를 푸는 걸 추천해. 첫 장부터 풀지 말고 내가 풀고 싶은 단원부터 선택해서 풀고 이후에 다른 단원으로 넘어가는 방법을 쓰는 걸 추천해.

자격증 시험은 장기 계획을 세워야 해

학교에서 보는 진단 평가나 단원 평가는 교과서 범위 안에서 출제되지만, 자격증 시험은 시험 범위가 훨씬 넓어. 그리고 점수가 몇 점이냐보다 합격 기준 점수를 넘기는 것이 중요해. 그래서 학교 시험공부와 준비 방법이 조금 달라.

합격 기준 확인하기

자격증 시험은 내가 몇 점을 맞아야 합격하는지를 먼저 확인해야 해. 예를 들어 한국사능력검정시험의 기본 4급은 80점 이상이면 합격이야. 공부하기 전에 기출문제를 먼저 풀어보면 내가 몇 점을 더 올려야 하는지 알 수 있어.

자격증 공부를 위한 방법 계획하기

시험 날짜와 안내를 확인하고 필요한 교재, 기출문제집, 오답 노트를 위한 노트와 필기구를 준비해. 혼자서 공부하기 어렵다면 인터넷 강의를 활용하는 것도 좋아.

기간별로 공부 계획 세우기

자격증 공부는 공부 기간을 길게 정하고, 매일 조금씩 꾸준히 공부하는 것이 중요해. 두 달 동안 한국사능력검정시험을 공부한다고 가정했을 때 목표를 세우는 방법을 함께 살펴보자.

① 1~6주 차: 기본서 학습, 문제 풀이, 인터넷 강의 활용

전체 범위를 6주 분량으로 나누어 계획을 세우고, 매일 공부한 내용을 진도표에 기록해 봐. 내가 공부한 흔적이 쌓이면 포기하지 않고 끈기 있게 도전할 수 있는 힘이 생겨.

- **공부 진도표 예시** ・ **인터넷 강의 진도표 예시**

MONTH 9월

GOAL
한국사 개념서 공부& 문제풀기

1	2	3	4	5	6	7
8	9	10	11	12	13	14
15	16	17	18	19	20	21
22	23	24	25	26	27	28
29	30	31				

MONTH 9월

GOAL
매일 한국사 인강 1개 듣기

1	2	3	4	5	6	7
8	9	10	11	12	13	14
15	16	17	18	19	20	21
22	23	24	25	26	27	28
29	30	31				

TITLE EBS 한능검 한권으로 끝내기
TEACHER 은동진
PERIOD 9.1 ~

1	2	3	4	5	6
7	8	9	10	11	12
13	14	15	16	17	18
19	20	21	22	23	24
25	26	27	28	29	30

아이코닉 두들 스터디플래너 활용

② 7주 차: 기출문제 반복, 약한 영역 집중하기

기출문제는 채점만 하고 끝내지 말고, 틀린 유형을 따로 모아 반복해야 해. 이때 공부한 내용은 1~6주 차에 공부한 개념서에 보충해서 필기하거나 오답 노트로 만들어 두면 시험 직전에 복습하는 데 유용해.

③ 8주 차: 실전 모의고사 풀기

하루에 한 번씩 실제처럼 모의고사를 풀어 봐. 자격증 시험은 시간 제한이 빠듯한 경우가 많아서 미리 시간 배분 연습을 하는 것이 필수야. 모의고사에서 자주 틀리는 문제는 유형별로 다시 공부하면서 실수를 줄여.

한국사능력검정시험을 포함한 대부분의 자격증 시험에서는 OMR 카드로 답안을 작성하므로 미리 마킹 연습을 해보는 것이 좋아. 또, 모의고사를 풀고 나면 점수를 기록하고 다음 목표를 정해 봐.

④ 시험 전날

자주 틀렸던 문제와 오답노트로 최종 점검을 해. 시험 준비물은 전날 미리 챙기고, 충분히 자는 것이 중요해. 자격증 시험의 목표는 합격 기준을 넘기는 것이야. 목표한 점수를 넘을 수 있도록 기출문제를 반복해서 풀고, 시간 관리 연습을 꾸준히 하면 원하는 결과를 얻을 수 있을 거야.

시험 전날의 마음가짐

가장 먼저 꼭 기억해야 할 건, '시험 전날은 복습하는 날'이라는 거야. 새로운 걸 외우려고 애쓰기보다 내가 정리해둔 걸 확인하고 떠올리는 것이 훨씬 중요해. 공부가 부족한 것 같아 자꾸 새로운 걸 찾아보다 보면 오히려 불안해지고 머릿속이 복잡해지기도 해. 그럴 땐 노트 필기를 시험 전날용으로 최종 정리하거나 다시 보는 것만으로도 충분해. 정리된 노트를 보면 복습한 내용이 떠오르고 마음이 안심될 거야.

그리고 시험 전날에는 공부에 집중하다 보면 자연스럽게 늦게 자게 되는 경우도 있어. 하지만 시험 당일의 좋은 컨디션을 위해 잠을 충분히 자는 것도 중요한 공부라는 걸 꼭 기억해. 내가 정리한 노트를 믿고 "충분히 잘 준비했어!"라고 스스로에게 말해 보자.

시험 전날, 무엇을 해야 할까?

시험 전날 책상 앞에 앉았다면 먼저 전체 내용을 훑어봐. '훑어본다'는 건 천천히 내용을 이해하며 읽는 것이 아니라, 눈으로 빠르게 읽어 나가는 것이야. 복습을 잘했다면 노트 필기한 내용들을 이미 다 알고 있기 때문에 천천히 읽을 필요는 없어. 훑어보면서 형광펜, 빨간색 펜 등으로 표시한 중요한 부분을 좀 더 오래 집중해서 봐.

전체를 훑었다면 이제는 틀리기 쉬운 부분들을 자세히 보는 거야. 아마 공부하면서 중요한 개념뿐만 아니라 내가 자주 틀리거나 실수하는 부분도 표시해 두었을 거야. 그런 부분들을 다시 확인해. 여러 번 보면 더 잘 기억되는 건 당연하니까, 부족하다고 느껴지면 두세 번 다시 봐도 괜찮아. 같은 내용을 여러 번 봐서 집중이 잘 안 된다면, 연필로 연하게 밑줄을 그으며 읽는 것도 좋아. 노트가 지저분해질까 걱정하지 마. 깨끗한 노트보다 공부 흔적으로 가득한 노트가 좋은 성적으로 연결돼.

이제 마지막 단계는 빈 종이에 써보거나, 스스로 말하며 정리하는 것이야. 다른 노트 필기에서 해 보았던 것처럼 빈 종이를 두고 외운 내용을 최대한 많이 써보거나, 중요 개념만 적어놓고 그 뜻을 떠올려보는 거지. 내가 공부한 내용을 잘 기억하고 있는지 기장 확실하게 확인할 수 있는 방법이야. 그래서 백지 노트는 어떤 시험을 준비하든 가장 좋은 마무리 방법이야.

시험 전날을 위한 체크리스트

시험 전날에 하나씩 살펴보며 체크해 보세요.

시험 공부 관련

☐ 전체 내용을 모두 훑어보았나요?
☐ 형광펜과 빨간색 펜으로 표시한 부분을 한 번 더 살펴보았나요?
☐ 자주 틀린 문제, 오답 노트를 살펴보았나요?
☐ 빈 종이에 개념 정리를 했나요?
☐ 공부한 내용을 말로 설명해 보았나요?

시험 준비물 관련

☐ 필통에 여분의 연필, 지우개, 컴퓨터 사인펜, 수정 테이프를 넣었나요?
☐ 시험 당일 손목에 찰 시계를 챙겼나요?
☐ 수험표를 챙겼나요?

생활 관련

☐ 일찍 잠에 들 준비가 되었나요?
☐ 시험 날 입을 편한 옷을 준비했나요?
☐ 스스로 일어나기 위한 알람을 맞추었나요?

힘이 되는 한 줄

시험 전날 나를 위한 한 마디
"흔들리지 말자. 나는 이미 준비되어 있어.
준비 끝! 이제는 보여줄 차례야.
내가 쌓은 시간은 절대 배신하지 않아."

시험이 끝나면 제일 먼저 뭐가 궁금해? 대부분 점수가 가장 궁금하다고 답할 거야. 하지만 시험은 단순히 점수를 확인하는 것으로 끝나면 안 돼. 그래서 성적을 꾸준히 기록해 두면 다음 시험을 더 잘 준비할 수 있는 공부의 길이 보이게 돼.

스터디 플래너에 성적을 기록하는 방법

성적은 스터디 플래너에 기록하는 것이 가장 좋아. 공부 계획이 시험 성적에 영향을 주고, 또 시험 성적이 다음 공부 계획에 영향을 미치기 때문이야. 스터디 플래너에 성적을 기록하는 방법은 다음과 같이 나눌 수 있어.

어떻게 기록할까?	· 표로 성적 기록하기 · 그래프로 성적 기록하기
무엇을 기록할까?	· 과목별로 성적 기록하기 · 시험별로 성적 기록하기

· 어떻게 기록할까?

표로 성적을 기록하면 날짜와 점수뿐만 아니라 틀린 문제 수까지 하나의 표에 한꺼번에 정리할 수 있어. 그래프로 정리하고 싶다면 막대그래프나 꺾은선그래프를 활용하는 것이 좋아. 그래프로 나타내면 점수의 변화 흐름을 한눈에 파악할 수 있어서, 내가 얼마나 성장했는지 알아보기에 좋아.

· 무엇을 기록할까?

과목별로 성적을 기록하면 내가 어떤 과목에 약한지 쉽게 알 수 있어. 점수가 낮은 과목을 중심으로 변화를 누적해 기록하면, 그 자체로 과목별 성장 기록장이 되는 거야.

시험별로 기록한다면 1단원 단원평가, 2단원 수행평가 등 시험 시기마다 나누어 기록하는 방식이야. 시험 결과를 정리하면서 공부 전체 과정을 되돌아볼 수 있기 때문에, 공부 습관을 들이려는 시기에 특히 효과적이야.

- **시험 성적 기록 활용하기**

성적을 기록만 한다고 해서 당장 점수가 오르는 건 아니야. 하지만 성적의 흐름을 살펴보면 공부의 길이 보여. 언제 성적이 올랐고, 언제 떨어졌는지를 보면 공부 습관을 점검할 수 있어. 이 기록을 바탕으로 나만의 공부 전략도 세울 수 있지. 예를 들어, 과목별 점수 차이가 크다면 다음 시험 준비 기간에는 어떤 과목에 더 시간을 써야 할지 미리 계획할 수 있어. 그리고 한 학기 동안의 성적을 모아 한꺼번에 살펴보면, 학기 초보다 성장한 나의 모습이 분명히 보일 거야.

표로 성적 기록하기 예시

1학기 단원평가 성적 기록					
과목	국어	수학	사회	과학	영어
점수	80	95	85	70	90

다음 공부 계획

- **국어:** 지문에서 중요한 부분 밑줄 긋기
- **과학:** 과학 공부에 시간을 더 투자하기, 수업 후에 바로 기본 개념 노트 필기하기

2학기 단원평가 성적 기록					
과목	국어	수학	사회	과학	영어
점수	85	100	90	90	90

다음 공부 계획

- **국어:** 국어 지문 꼼꼼하게 읽기
- **사회:** 암기 노트 만들기
- **과학:** 실험 과정 정리 노트 만들기

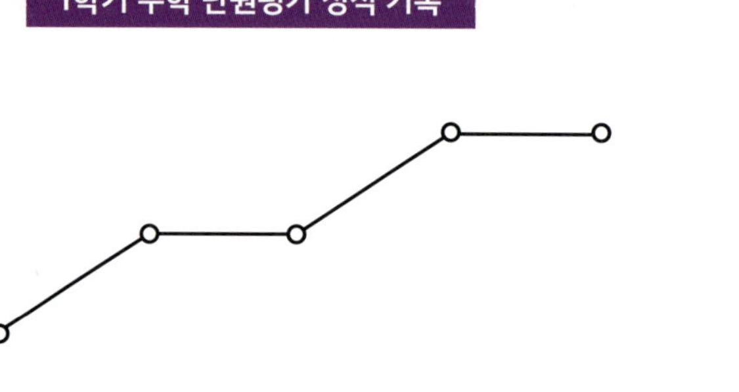

다음 공부 계획

- 오답 노트 다시 한 번 훑어 보기

- 하루 15분 사칙연산 계산 훈련하기

- 계산 실수했는지 확인하기

- 다음 평가에서 계산 실수 3개 이하로 줄이기

"중요한 건 멈추지 않는 것이다! 느리게 가도 괜찮아. 남과 비교하지 말고, 내 속도대로 한 걸음씩 나아가다 보면 결국 성장한 나를 만나게 될 거야!"

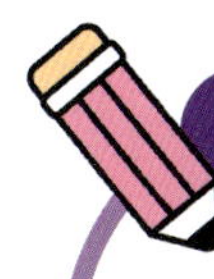

선생님의 필기구,
왓츠 인 마이 펜슬케이스

주_ 필기를 잘하려면, 사실 도구가 한몫하잖아요? 선생님들의 필통에는 어떤 것들이 있나요? 왓츠 인 마이 펜슬케이스 해 볼까요?!

펜마다 활용법이 달라요

윤_ 저는 지금도 가방에 꼭 필통을 넣어 다니는데요. 천으로 된 필통을 주로 써요. 공부하다가 떨어뜨려도 소리가 나지 않아서 도서관에서도 신경을 덜 쓸 수 있거든요.

좌_ 제 필통에는 0.7mm 샤프, 지우개, 0.5mm 삼색 볼펜, 0.7mm 삼색 볼펜, 15cm 자, 형광펜(노란색, 분홍색) 두 개가 있습니다.

주_ 저는 필통에 꼭 챙겨 두는 게 파스텔톤 형광펜과 풀테이프예요!

휘_ 삼색 볼펜, 테이프형 수정펜, 샤프, 지우개는 꼭 챙겨 다니고, 형광펜은 그때그때 마음에 드는 걸 골라서 들고 다녀요. 저는 문구점에 가면 무조건 펜 코너부터 가는, 이른바 문구 덕후예요. 이상하게 펜은 항상 쓰던 것만 사게 되더라고요.

주_ 저도 최애 펜이 생기더라고요. 괜히 그 펜을 쓰면 공부가 잘 되는 것 같고, 그런 느낌이 드는 펜이 있었어요. 임용 공부할 때는 그 펜을 50자루쯤 사서 다 쓴 것 같아요.

좌_ 맞아요. 저도 특정 회사 제품만 사서 쓰고 있어요. 여러 볼펜을 써 봐도 이상하게 그 회사 제품이 제일 잘 맞더라고요.

휘_ 앗, 저도 똑같은 펜만 잔뜩 사서 썼어요. 펜 한 자루가 다 닳도록 썼을 때의 쾌감이 있더라고요. 또 제가 쓰던 펜이 없으면 괜히 공부하기 싫은 마음… 그래서 한 번 살 때 여러 자루씩 구입해서 쓰고 있어요.

윤_ 전 볼펜 심을 여러 개 사놓는데, 선생님들은 아예 볼펜을 여러 자루씩 구입하시네요!

휘_ 와, 환경을 사랑하는 윤희쌤… 저도 다음에는 볼펜 심을 여러 개 사 봐야겠어요.

펜의 두께와 재질은 어떻게 다르지?

주_ 승협쌤은 0.5mm랑 0.7mm 둘 다 쓰시던데, 어떻게 구분해서 쓰세요?

좌_ 0.5mm는 선을 그리거나 정교하게 글을 써야 할 때 사용하고요. 0.7mm는 빠르게 글씨를 쓸 때 자주 써요. 다른 선생님들은 어떻게 구분해서 쓰세요?

윤_ 저는 늘 0.7mm만 써요. 글씨를 예쁘게 쓰기 어려운 친구들에게는 너무 가느다란 펜을 추천하지 않아요. 예전에 0.3mm 볼펜이 한창 유행했을 때도 전 꿋꿋하게 0.7mm를 썼답니다.

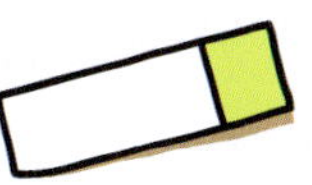

휘_ 저는 글씨가 작은 편이라 굵은 심으로 쓰면 가독성이 떨어지더라고요. 그래서 0.3mm나 0.5mm를 주로 써요. 아무래도 필기를 많이 하다 보면 자기만의 필기 방식이나 선호하는 펜이 생기는 것 같아요!

주_ 저도 보통 0.7mm를 쓰는 것 같아요. 글씨를 잘 못 써서 그런지, 굵은 게 더 잘 써 보이는 효과가 있더라고요. 대신 얇은 건 별표 치거나 강조할 때 썼던 것 같아요.

휘_ 잉크 펜이랑 볼펜도 필기감이 다르잖아요! 보통 어떤 펜을 선호하세요? 저는 원래 잉크 펜을 좋아했는데, 매끈한 교과서 표면에선 자꾸 번져서 요즘은 필기할 땐 볼펜만 써요. 예쁘게 필기하는 게 아니라 막 쓰는 용도로는 잉크 펜이 좋고요!

주_ 저는 예전에 물을 한번 쏟은 적이 있는데, 잉크 펜은 바로 번지더라고요. 너무 속상했어요. 그래서 볼펜을 더 자주 쓰게 되는 것 같아요. 볼펜은 미끄러지듯 써지면서 글씨가 시원시원하게 써지는 느낌도 있고요.

좌_ 전 볼펜을 자꾸 바닥에 떨어트려서 잉크 펜은 못 쓰고 있어요. 그래서 그냥 삼색 펜으로 정착했어요.

휘_ 삼색 펜은 세 자루가 모두 있는 제품도 있고, 한 자루 안에 세 가지 색이 다 들어 있는 제품도 있잖아요! 다들 어떤 걸 선호하세요?

좌_ 저는 한 자루에 세 가지 색이 있는 걸 써요. 색을 바꿀 때 나는 딸깍딸깍 소리가 좋아서요.

휘_ 저는 색을 잘못 바꿔서, 검정색을 써야 하는데 빨간색으로 쓰는 실수를 너무 자주 해서 따로따로 쓰는 걸 선호해요! 펜심이 닳는 속도도 다르고요.

주_ 저도 휘경쌤처럼 따로 쓰는 게 좋더라고요. 왼손에 세 가지 색 펜을 들고, 오른손으로 필요할 때마다 쏙쏙 뽑아서 써요.

필통에 챙겨두면 좋은 물건들

윤_ 그러면, 볼펜이나 형광펜 말고 필통 안에 '이건 특별하다!' 싶은 물건도 있나요?

좌_ 저는 필통에 애플펜슬과 USB를 넣고 다녀요. 필통에 넣고 다녀야 잃어버리지 않더라고요.

주_ 저는 4B 연필이요. 설명하면서 공부할 때, 마치 분필처럼 활용해요. 굵게 그려지기도 하고, 동그라미를 엄청나게 치다 보면 제가 선생님이 된 것 같은 기분이 들어서 열정이 솟더라고요.

좌_ 그림 그릴 때만 쓰는 줄 알았는데, 주영쌤처럼 활용해도 좋겠네요.

윤_ 요즘 초등학생 친구들은 잘 모르기도 하던데, 종이를 돌돌 뜯어 쓰는 빨간 색연필도 늘 가지고 다녔어요. 동그라미 치거나 채점할 때 쓰기 좋아요.

휘_ 저는 컴퓨터용 사인펜이요! 꼭 시험용이 아니더라도, 중요한 제목을 필기하거나 굵은 글씨로 강조하고 싶을 때 컴퓨터용 사인펜이 가장 깔끔하고 좋더라고요.

윤_ 저는 립밤이나 작은 핸드크림을 넣어 다니기도 해요. 민트 향 제품을 쓰면 집중이 잘 안 되거나 졸릴 때 기분 전환이 되더라고요.

휘_ 그리고 요즘은 펜 모양의 풀도 있는데, 급하게 문제집 오려 붙일 때 아주 유용해요.

윤_ 맞아요! 수정테이프처럼 생긴 양면테이프도 깔끔하고 좋아요. 풀은 뚜껑 잃어버리기 쉽고, 마를 때까지 기다려야 하잖아요. 풀테이프는 훨씬 편리해요.

좌_ 혹시 필통은 주기적으로 바꾸세요? 아니면 여러 개를 돌려가며 쓰시나요?

윤_ 문구 욕심이 좀 있어서, 지금은 필통을 크기별로 서너 개 두고 돌려 써요. 학생 때는 거의 하나만 썼던 것 같아요. 늘 들고 다니는 건 비슷해서요.

휘_ 저는 마음에 드는 하나의 필통을 마르고 닳을 때까지 써요. 애착 필통처럼요.

주_ 저는 가방마다 필통을 하나씩 넣어두는 편이에요. 필통이 한 개뿐이면 꼭 필요한 날 안 챙겨서 난감할 때가 있더라고요.

좌_ 공부가 안 되거나 바깥공기가 그리울 때, 문구점에 가서 필요한 학용품을 구경해 보는 것도 좋아요. 필통 안에 뭐가 들어 있느냐에 따라 공부 태도도 달라진다고 하잖아요. 몇몇 학생들은 필통이 어질러져 있고, 연필은 다 부러져 있고, 지우개는 5~6개씩 들고 다니기도 하더라고요.

종이 필기 vs 디지털 필기

윤_ 요즘 친구들은 스마트패드 펜도 필기도구라고 하더라고요. 선생님들은 디지털 필기 해보신 적 있으세요?

주_ 맞아요! 중학생이 된 제자들을 보니 대부분 스마트 패드로 공부하더라고요.

좌_ 저도 수업이나 회의할 때 디지털 필기를 자주 사용해요. 내용 수정도 편하고 선 그리기 기능도 좋아서 잘 활용하고 있어요.

주_ 그렇다면 종이 필기와 디지털 필기 중 하나만 고를 수 있다면 어떤 걸 고르시겠어요?

윤_ 저는 아직까지는 종이 필기를 더 선호해요. 종이에 손으로 써야 잘 외워지는 것 같거든요. 가끔 충전을 깜빡해서 디지털 필기를 못 한 적도 있었어요.

좌_ 저도 하나만 고른다면 종이 필기를 택할 것 같아요. 종이에 쓰면 노트 필기에 더 집중하게 돼요. 디지털은 틀렸을 때 수정이 쉬운데, 종이는 그렇지 않아서 조금 더 바르게 쓰려는 노력이 생기거든요.

휘_ 저는 아날로그를 좋아해서 무조건 종이 필기요. 디지털 필기는 왠지 글씨도 내 글씨 같지 않고, 종이에 사각사각 쓰는 그 느낌이 너무 좋아서 포기할 수 없어요. 그래도 디지털 필기의 편리함은 가끔 부럽긴 해요.

 주_ 저는 디지털 필기가 좋아요! 예전부터 살짝 필기 완벽주의가 있어서 틀리면 찢고 다시 쓰고, 또 찢고 또 쓰고 하다가 노트 한 권을 다 낭비한 적도 있거든요. 디지털 필기는 수정도 쉽고, 종이도 무한대로 만들 수 있어서 틀리는 것에 대한 부담이 적어요.

 휘_ 디지털 필기는 사진 인쇄하거나 복사해서 오려 붙일 필요도 없고, 바로가기 기능도 있어서 정말 좋아 보이더라고요. 주영 쌤이 가장 잘 쓰는 기능은 뭐예요?

 주_ 저는 굿노트에서 '이동 기능'을 가장 자주 써요! 필기하다 보면 "아! 이건 아래쪽에 쓸걸.", "이건 다음 페이지에 있어야겠다." 싶은 게 생기는데, 그럴 때 이동 기능이 정말 편리해요.

 윤_ 굿노트에서는 인터넷 사진도 드래그해서 바로 넣을 수 있어서 사진이 많은 필기에 진짜 유용해요.

 좌_ 저는 선 그리기, 표 그리기, 이미지 첨부 기능을 정말 잘 활용하고 있어요.

 휘_ 말씀을 들어보니 종이 필기와 디지털 필기, 각각 장단점이 뚜렷하네요. 자기에게 맞는 필기 방법을 찾아 꾸준히 습관화하는 것, 그게 제일 중요한 것 같아요!

5장

디지털 기기를 사용하면 공부에 날개가 생겨!

디지털 기기 활용 전략

스마트폰과 태블릿으로 플래너, 노트, 타이머 등 공부 도구를 간편하게 관리할 수 있어. 열품타 앱은 공부 시간 측정과 집중 모드 설정, 친구들과의 공유 기능이 있고, 어도비 스캔(Adobe Scan)은 종이를 PDF로 스캔해 저장할 때나, 디지털 필기와 검색에 활용할 수 있어.

꼭 알아둬야 할 공부 앱들

예전에는 손으로 쓰는 플래너나 종이 노트, 타이머를 많이 썼어. 공부할 때 꼭 필요한 도구들이었지. 그런데 스마트폰과 태블릿 덕분에 공부 도구가 많이 달라졌어. 이제는 종이 플래너 대신 앱으로 스케줄을 관리하고 수정도 훨씬 쉬워졌지. 종이에만 쓰던 노트 필기도 패드에서 손글씨처럼 쓸 수 있어.

타이머 앱을 활용하면 내가 공부한 시간을 기록하고 내 공부 습관을 바탕으로 나의 잘못된 공부 습관을 바꾸는 맞춤형 조언을 제공해.

나에게 맞는 공부 앱을 찾고 앱의 기능을 차근차근 익히는 게 중요해. 나한테 잘 맞는 공부 앱을 꾸준히 쓰면 나의 공부 습관도 바르게 잡히고 시간 관리가 훨씬 편해질 거야.

열품타

iOS 　　플레이스토어 

열품타는 '열정 품은 타이머'의 줄임말이야. 내가 공부한 시간을 측정하고 친구들과 공유할 수 있어. 내가 공부한 내용과 스케줄이 자동으로 기록되기 때문에 공부 기록 관리가 쉬워.

투 두 기록으로 해야 할 일을 정리할 수 있고, 또래 친구들이 얼마나 공부를 열심히 하는지도 확인할 수 있어서 공부 자극을 받을 수 있어. 가장 중요한 건, 열품타를 실행하면 스마트폰(패드)의 다른 기능을 차단할 수 있어서 공부에 집중할 수 있게 도와준다는 점이야.

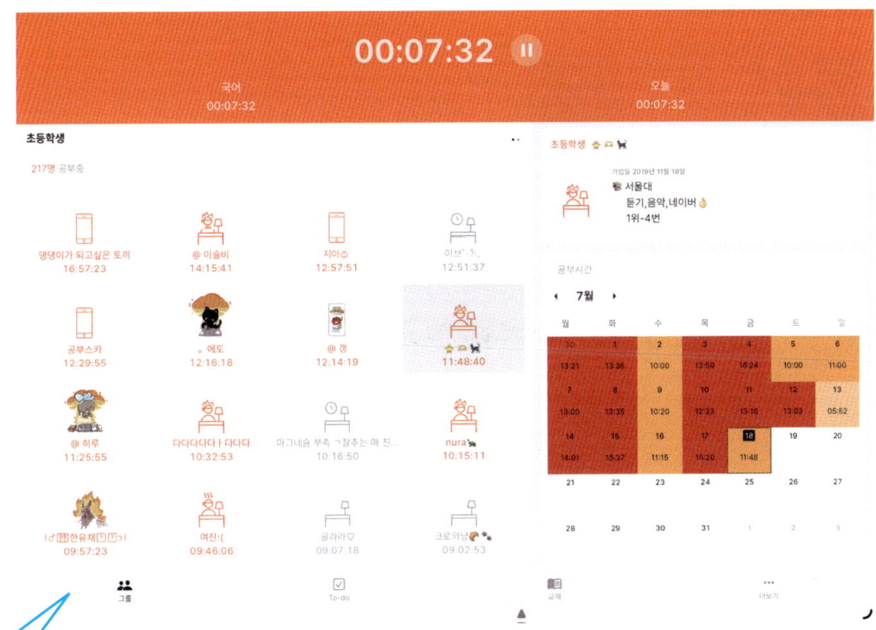

- 공부 시작 버튼을 누르면, 지금 공부 중인 또래 친구들의 현황도 확인할 수 있어.
- 공부하는 친구의 아이콘을 클릭하면, 이 친구가 평소에 얼마나 공부하는지도 알 수 있어.
- 열심히 공부하는 친구들의 모습에서 자극을 받을 수 있겠지?

오늘 내가 해야 할 일은 체크리스트 형식으로 정리해 봐. 앞으로 할 일을 적고, 완료했을 때 체크 표시를 해 보는 거야. 작은 성취감이 쌓이면 공부 습관도 만들어질 수 있어.

어도비 스캔(Adobe Scan)

iOS  플레이스토어 

학교나 학원에서 받은 활동지나 문제집에 있는 중요한 내용을 스마트폰으로 찍어야 할 때가 있지? 또는 노트에 내용을 추가하려고 사진을 출력해서 오려 붙이고 싶은 경우도 있을 거야. 이때 활용할 수 있는 방법을 알려줄게. 스마트폰에 스캔(Scan) 앱을 다운로드해서 사용하는 걸 추천해. 찍고 싶은 종이를 앞에 놓고 사진을 찍으면, 자동으로 PDF 형식의 파일로 저장돼. PDF 파일은 스마트폰, 태블릿, 컴퓨터 등에서 쉽게 열어볼 수 있고, 언제든지 인쇄도 가능해. 사진으로 찍는 것도 좋지만, PDF로 저장하면 종이에 적힌 글자를 검색할 수 있어서 내가 원하는 내용을 더 빠르게 찾을 수 있어.

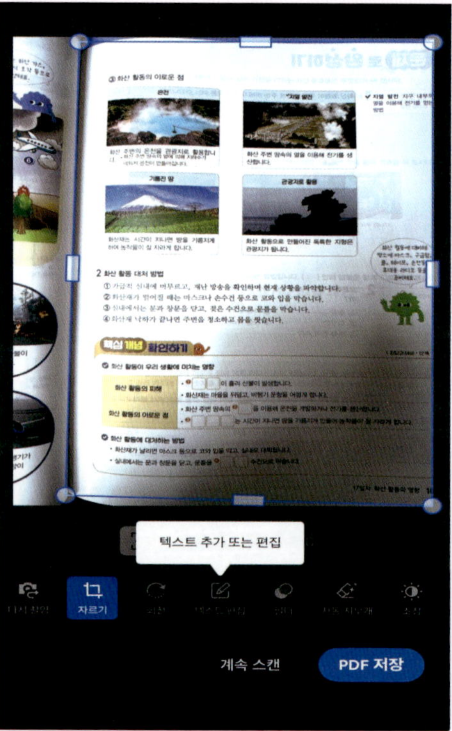

스캔 앱을 실행해서 찍고 싶은 내용을 비추면, 화면에 종이가 자동으로 인식돼.
화면에 보이는 동그라미가 종이의 크기를 인식해서, 해당 영역을 PDF로 저장해.

PDF로 저장됐어. 이제 왼쪽 아래에 있는 첫 번째 'PDF 내보내기' 버튼을 눌러 PDF 파일을 다양한 곳에서 열어볼 수 있어. 스마트폰, 태블릿, 컴퓨터 등에서 파일을 열어 검색 기능으로 원하는 내용을 바로 찾을 수 있고, 굿노트 앱으로 불러와서 필기를 추가하거나 정리하는 데에도 활용할 수 있어.

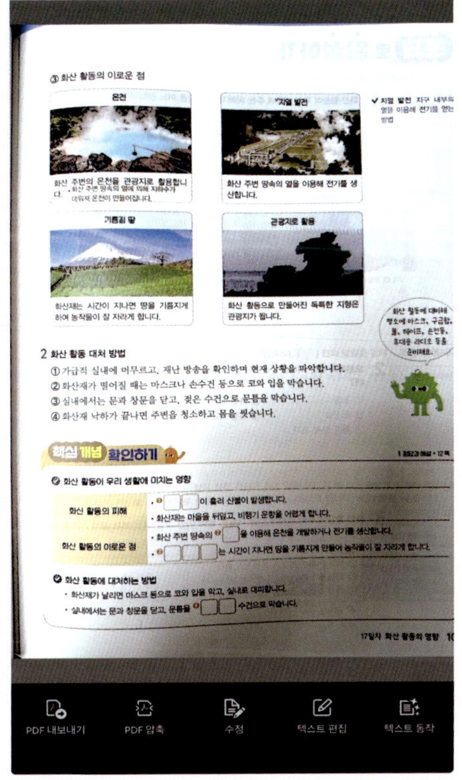

활용 팁 더 알아보기

스캔 시 조명 반사 줄이기

→ 책이나 학습지를 살짝 기울여 찍으면 빛 반사가 줄어들어 글자가 더 선명하게 저장돼.

'계속 스캔' 기능 활용하기

→ 여러 장의 학습지를 한 번에 스캔해 한 파일로 묶을 수 있어. 시험 단원별 자료를 하나의 PDF로 정리해 두면 복습하기 편해.

파일 이름 규칙 정하기

→ 과목_단원_날짜 형식으로 저장하면(예: 과학_3. 지층과화석_251108.pdf) 나중에 검색할 때 훨씬 빠르게 자료를 찾을 수 있어.

색상별 형광펜 활용하기

→ 핵심 내용은 노랑, 어려운 부분은 빨강, 외워야 할 부분은 파랑 등 색상 체계를 정하면 복습 효율이 높아져.

굿노트로 불러와 메모 추가하기

→ 스캔한 자료 위에 펜으로 직접 쓰거나, 스티커 화살표로 정리해 보자. '디지털 오답노트'
　　로 활용하기 딱 좋아.

OCR(글자 인식) 기능 활용하기

→ 스캔 앱의 텍스트 인식 기능을 켜면, 종이 자료 속 글자를 검색할 수 있어. 필요한 문장을
　　바로 찾을 수 있어서 매우 편리해.

클라우드 동기화 설정하기

→ 구글 드라이브나 아이클라우드에 자동 저장되게 설정하면 기기를 바꿔도 언제든 파일을
　　불러올 수 있어.

친구와 학습 자료 공유하기

→ 스캔한 PDF를 친구에게 공유해 함께 정리하거나 비교해 봐. 서로 다른 시각에서 요약한
　　부분을 합치면 더 완벽한 정리가 돼.

주기적 정리 루틴 만들기

→ 주말마다 '이번 주 스캔 파일 정리하기' 시간을 10분만 투자해 보자. 폴더별로 모아두면
　　다음 시험 복습이 훨씬 빨라져.

태블릿PC로 필기하면 수정과 정리가 쉬워 많은 양의 자료를 효율적으로 관리할 수 있어. 굿노트6는 PDF 불러오기, 사진 삽입, 다양한 템플릿 제공 등 강력한 필기 기능을 갖춘 유료 앱이야.

① 굿노트6 설치하기

앱스토어에서는 'Goodnotes', 구글스토어에서는 'Goodnotes for Android'를 검색해서 설치해. 유료 앱이기 때문에 결제가 필요하고, 반드시 부모님의 허락을 받아야 해. 구독 방식(월간 또는 연간)과 1회성 구매 방식이 있어. 가격이 다르니까 형식과 금액을 꼭 확인하고 결제해야 해.

② 새 노트 만들기

iOS 운영체제에서 설치한 굿노트6 기준으로 소개할게.

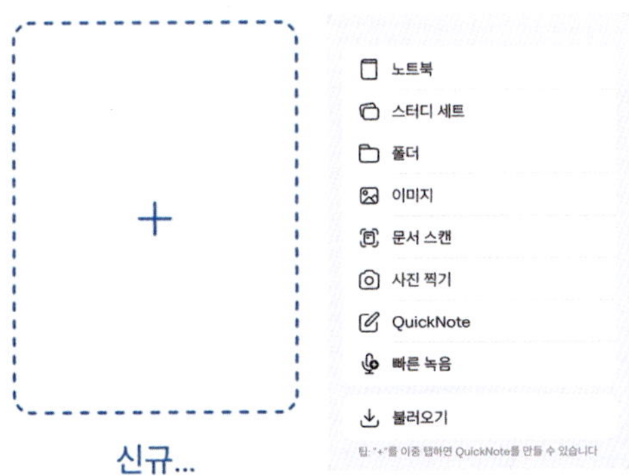

신규...

'신규' 버튼을 누르면 다양한 메뉴가 나와. 종이 노트에 필기하듯 빈 화면에서 시작하고 싶다면 '노트북'을 클릭해. 손으로 필기한 노트 위에 내용을 더 쓰고 싶다면, 이미지 삽입 또는 사진 찍기 기능을 활용할 수 있어.

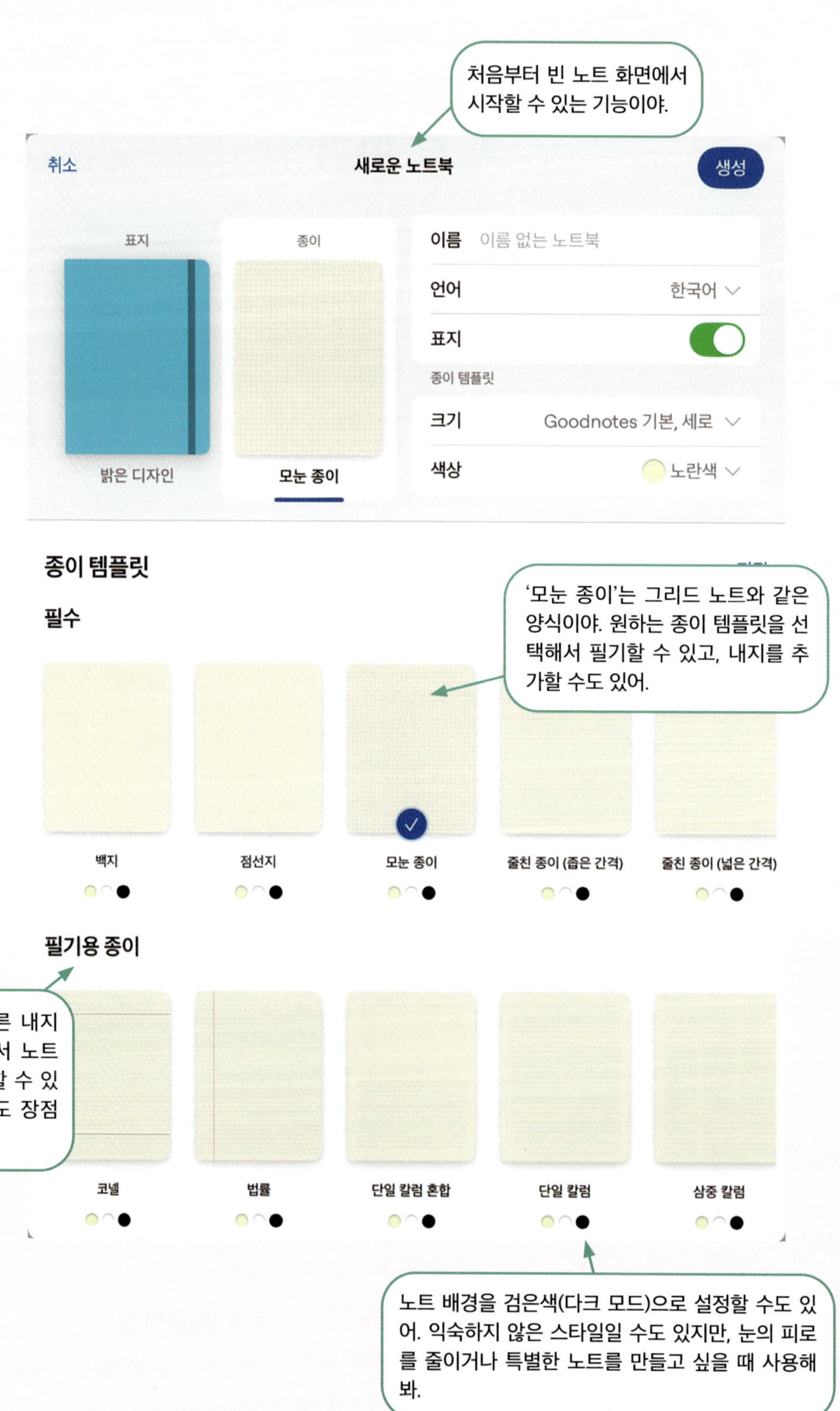
처음부터 빈 노트 화면에서 시작할 수 있는 기능이야.
취소
새로운 노트북
생성
표지
종이
이름
이름 없는 노트북
언어
한국어
표지
종이 템플릿
크기
Goodnotes 기본, 세로
색상
노란색
밝은 디자인
모눈 종이
종이 템플릿
필수
‘모눈 종이’는 그리드 노트와 같은 양식이야. 원하는 종이 템플릿을 선택해서 필기할 수 있고, 내지를 추가할 수도 있어.
백지
점선지
모눈 종이
줄친 종이 (좁은 간격)
줄친 종이 (넓은 간격)
필기용 종이
서로 다른 내지를 섞어서 노트를 구성할 수 있다는 것도 장점이야.
코넬
법률
단일 칼럼 혼합
단일 칼럼
삼중 칼럼
노트 배경을 검은색(다크 모드)으로 설정할 수도 있어. 익숙하지 않은 스타일일 수도 있지만, 눈의 피로를 줄이거나 특별한 노트를 만들고 싶을 때 사용해 봐.

굿노트의 기본 기능

볼펜
지우개
형광펜
테이프
도형
스티커 메모
단원명
식물의 구조와 기능
학습주제
단원평가 총정리
세포 구조
식물 세포
동물 세포
공통점
핵, 세포막
*차이점
세포벽O
세포벽X
뿌리
① 물 흡수
② 식물 지지
③ 잎에서 만든 양분 저장
줄기
① 물의 이동 통로
② 식물 지탱
③ 여분의 양분 저장
잎
① 물 + 이산화 탄소 + 빛 = 스스로 양분
② 잎의 기공에서 물, 공기 드나듦
꽃
꽃잎
암술
수술
꽃받침
열매
① 씨를 보호
② 씨가 익으면 퍼뜨림
씨가 퍼지는 방법
꽃가루받이 → 열매
① 바람   ex. 민들레
② 동물 털 ex. 도꼬마리
③ 동물이 먹음 ex. 벚나무
④ 물에 떠서 ex. 연꽃
← 예시 몇 가지 더 찾아 보기

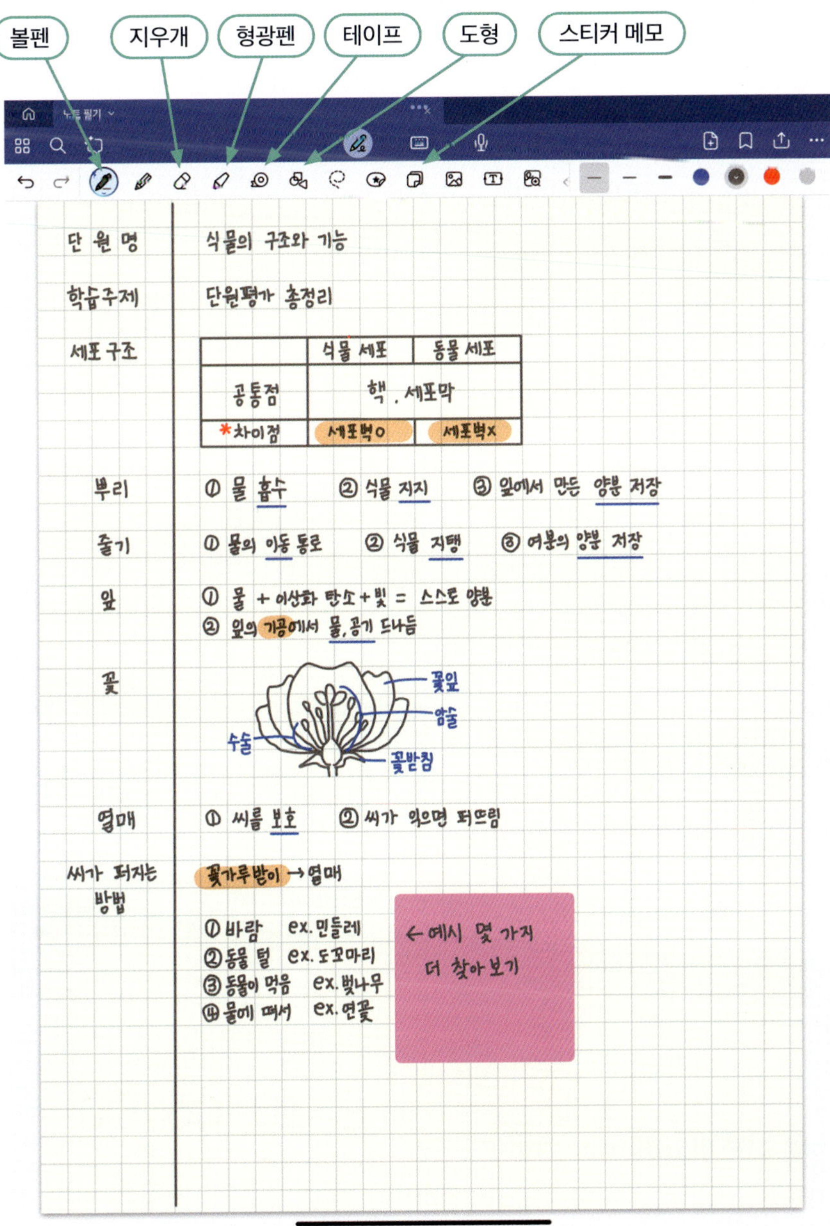

노트 필기와 공부를 편하게 하는 추천 기능

테이프

가리고 외워야 하는 부분을 테이프로 가릴 수 있어. 정답을 확인할 때 다시 글자가 보이게 설정할 수 있어서 걱정하지 마!

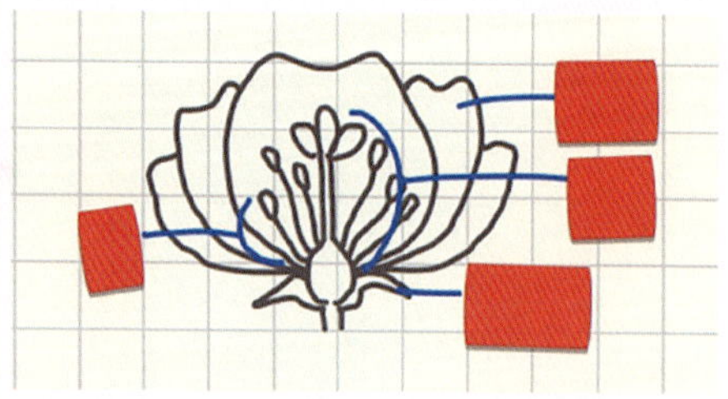

도형

기본 틀을 위한 서로 선을 그리거나 표를 그릴 때 유용해. 선을 긋고 잠시 멈추면 자동으로 반듯하게 정리돼.

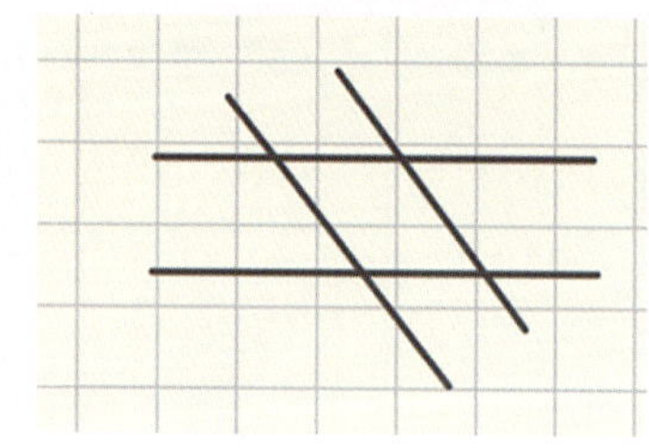

스티커 메모

포스트잇처럼 붙일 수 있는 기능이야. 색깔, 크기 등을 내 마음대로 조절할 수 있어. 노트 필기를 가릴 경우 접어둘 수도 있어서 불편하지 않아.

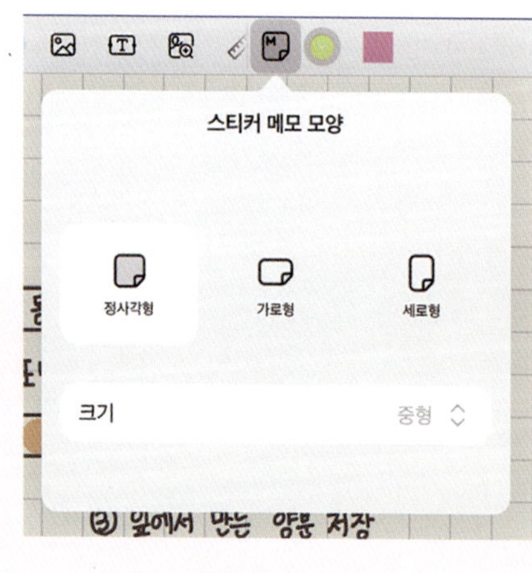

타임 키퍼

굿노트의 타임 키퍼는 두 가지 방식으로 활용할 수 있어.
· 타이머 기능: 노트 필기에 얼마나 시간이 걸리는지 측정할 수 있어. 태블릿 필기에 시간이 오래 걸린다면 한 번 활용해 봐.
· 스톱워치 기능: 순공 시간을 측정할 수 있어. 공부 집중 시간 관리에 유용해.

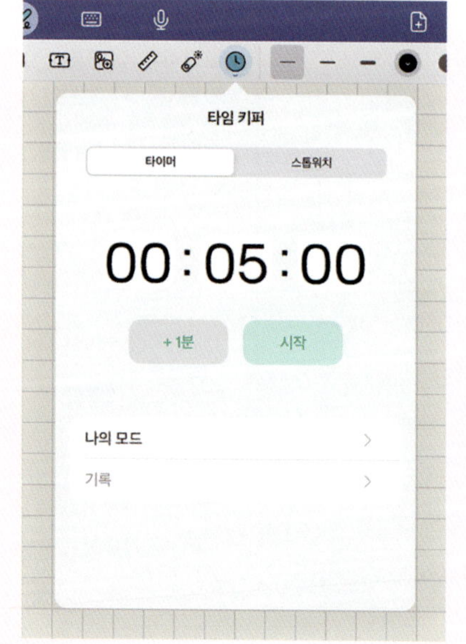

기능 1. 두 가지 방법으로 내용 수정하기

내가 잘못 쓴 내용을 수정하는 방법은 두 가지가 있어.

첫 번째는 이전 내용으로 되돌리는 방법이야.

① 굿노트 상단 메뉴 왼쪽에 있는 화살표 아이콘 ↰ 을 누르면, 이전 단계로 돌아갈 수 있어.

② 손가락 두 개로 화면을 두 번 연속 탭해도 돼.

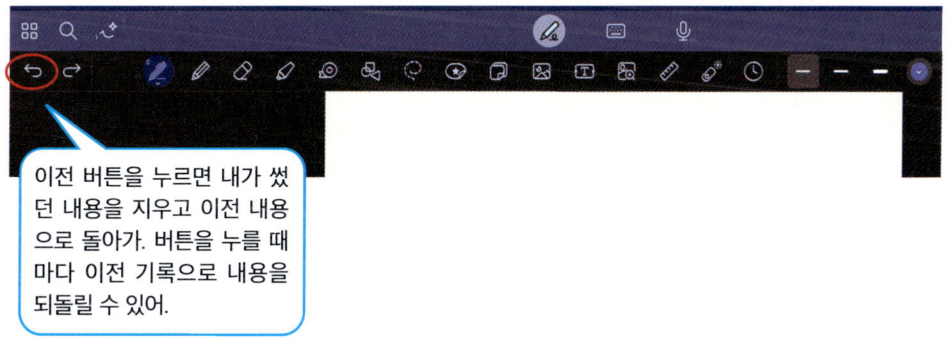

두 번째는 지우개 기능을 사용하는 거야.

① 지우개 아이콘을 누르면 지우개의 설정을 바꿀 수 있어.

② 일반 필기 내용을 지울 수도 있고, 설정을 변경하면 형광펜만 지우고 필기 내용은 남길
  수도 있어.

출처: 굿노트6, 도움말 예시자료

기능 2. 나의 필기 내용을 편하게 옮기기

올가미 기능을 활용하면 내가 원하는 글이나 그림 등을 쉽게 옮길 수 있어.

① 메뉴 상단에 있는 올가미 아이콘을 클릭하면 사용할 수 있어.

② 두 가지 종류의 올가미가 있어.

   -자유롭게 모양을 그릴 수 있는 올가미

   -사각형 모양으로 지정하는 올가미

올가미를 그릴 때는 시작점과 끝점이 반드시 만나야 내용이 정확하게 선택돼. 올가미 안에 포함된 글, 그림, 도형 등은 내가 원하는 위치로 쉽게 이동할 수 있어. 필기를 정리할 때 정말 유용하니까 꼭 활용해 봐.

기능 3. 자 기능을 이용해 내가 원하는 길이의 선 그리기

곧은 선을 그리는 방법은 이미 알고 있지? 그런데 내가 그리고 싶은 선의 길이까지 정확히 맞추고 싶을 땐 어떻게 해야 할까? 바로 자 기능을 활용하면 돼.

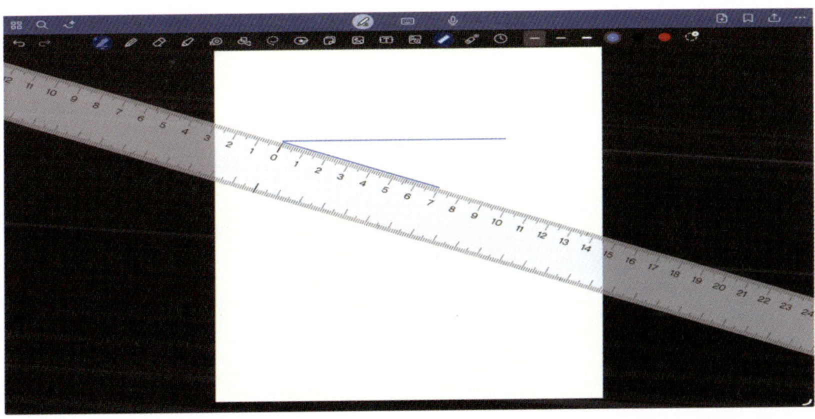

① 메뉴 상단에서 자 아이콘을 클릭하면 화면에 자가 나타나.

② 자는 회전이 가능해서 원하는 각도와 방향으로 다양하게 활용할 수 있어.

반듯하고 정확한 선을 그리고 싶을 때 자 기능을 꼭 활용해 봐.

굿노트의 숨겨진 보석, 전사 기능

내가 공부한 내용을 누군가에게 설명해 보는 것, 이게 정말 좋은 공부 방법이라는 거 알고 있었어? 다른 사람에게 설명하거나, 상상 속 청중에게 말하듯 공부하는 것이 핵심이야. 리처드 파인만(Richard Feynman) 교수님은 노벨 물리학상을 수상한 미국의 천재 물리학자야. 파인만 교수님은 복잡한 개념을 누구나 이해할 수 있게 설명하는 능력으로 유명했어. 교수님은 실제로 강의 노트를 활용해서, 학생의 수준에 맞는 설명을 반복하며 자기 학습에 활용했다고 해. 즉, 자신이 정리한 노트를 바탕으로 반복해서 내용을 말해 보고, 여러 번 고쳐가며 완성해 나간 거지. 마이크로소프트 창립자 빌 게이츠(Bill Gates)도 배운 내용을 다른 사람에게 설명해 보는 걸 자신의 대표적인 학습 방식 중 하나로 꼽았다고 해. 이처럼, 누군가에게 설명하는 공부법은 정말 효과적인 공부 방법이야.

자, 이제 굿노트의 전사 기능으로 공부의 전사가 되는 방법을 알아볼까?

먼저, 굿노트 앱을 열고 내가 작성한 필기를 불러와 봐. 직접 필기한 노트를 그대로 사용해도 좋고, 종이에 쓴 내용을 사진으로 찍어서 불러와도 괜찮아. 그다음, 내가 쓴 내용을 천천히 읽으면서 핵심을 찾아봐. 어떤 부분이 중요한지, 어떤 개념을 다른 사람에게 설명해야 할지 스스로 판단해 보는 거야. 이제 그 내용을 충분히 이해했다면, '전사 기능(음성 인식 기능)'을 실행해 보자. 말로 설명하면서 공부한 내용을 다시 정리해 보면, 내가 진짜 이해한 부분과 아직 부족한 부분이 명확하게 드러날 거야.

메뉴 위 마이크 모양 🎤 을 누르면 전사 기능이 실행 돼.

전사 기능이 실행되면 이제 누군가를 가르친다는 느낌으로 설명을 시작하면 돼. 중간에 틀려도 걱정하지 말고 끝까지 마무리하는 게 중요해. 틀린 부분을 다시 녹음하기 위해 처음으로 돌아가기보다 이어서 자신 있게 마무리하는 것을 추천해.

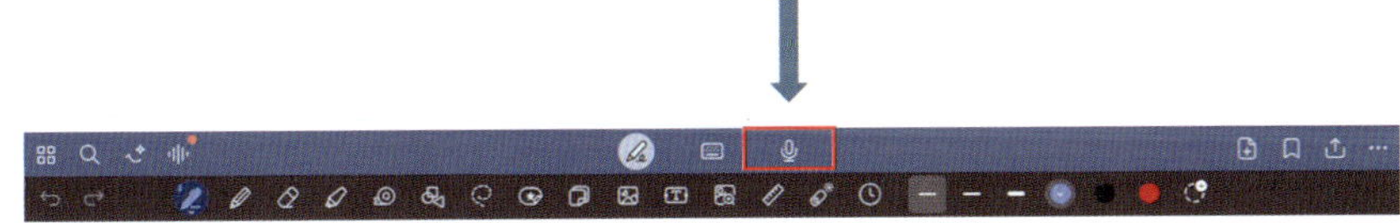

전사한 내용을 녹음하고 요약하기

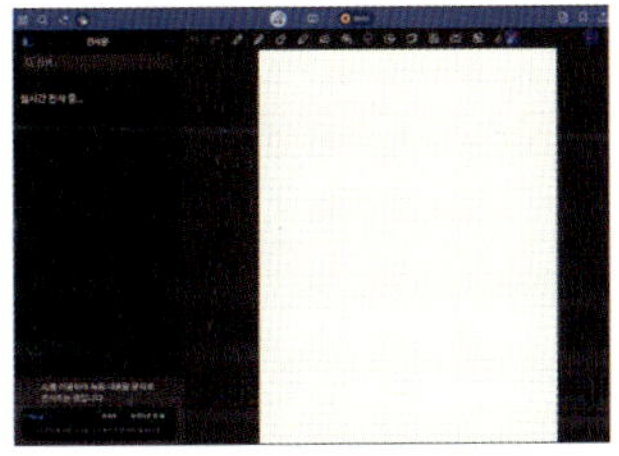

① 전사 기능 활성화 후 녹음 시작.

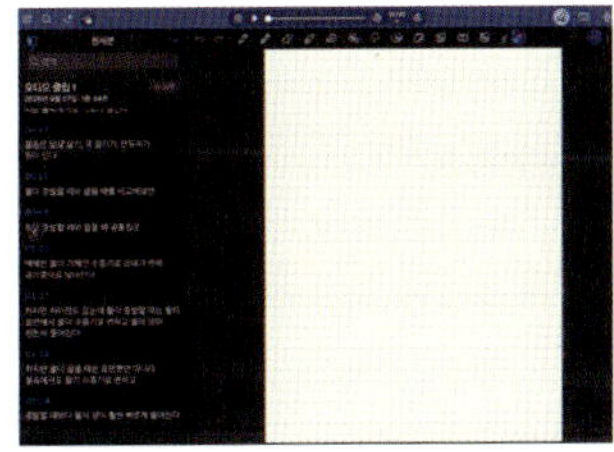

② 녹음이 마무리되면 오디오 클립이 나타남.

③ 녹음 다시 들어보기.

④ 다시 듣고 싶은 부분은 왼쪽에서 선택할 수 있음.

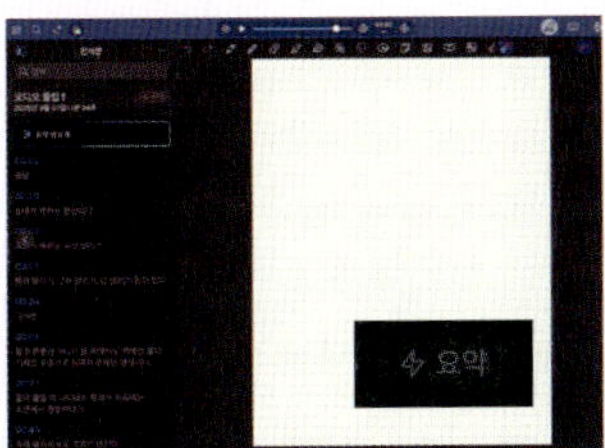

⑤ 요약 버튼을 누르면 AI가 자동으로 전사된 내용을 요약함.

⑥ AI가 요약한 내용을 바탕으로 내 전사 내용을 검토할 수 있음.

전사가 끝나면 내용을 다시 듣거나 AI가 요약해 준 내용을 바탕으로 내가 설명을 잘했는지 확인할 수 있어. 또, 전사 기록 창의 텍스트를 굿노트의 노트로 끌고 오면 해당 텍스트가 노트에 저장돼. 전사를 하는 것도 중요하지만 내가 만든 자료를 다시 한 번 듣고 읽어 보면서 개념을 설명할 때 실수한 부분은 없었는지 여러 번 점검하고 개념을 완벽하게 이해하는 것이 중요해. 처음에는 낯설지만 여러 번 반복하다 보면 내가 무엇을 모르는지, 내가 무엇을 잘 이해하고 있는지 파악할 수 있어. 내가 정리한 노트 필기를 바탕으로 누군가에게 가르친다는 느낌으로 꼭 한 번 전사기능을 활용해 봐.

전사를 활용해 공부하는 일이 힘들게 느껴질 수 있어. 그럴 때마다 리처드 파인만 교수님의 말을 떠올려 봐. 너희가 노벨상의 주인공이 될 날을 꿈꾸면서!

"실수를 한 번도 저지르지 않은 사람은, 아무것도 시도 하지 않은 사람이다! 실수는 도전의 증거야. 실수를 두 려워하지 말고 계속 도전해 보자!"

PDF 자료로 스마트하게 공부하기

웹서핑을 하다가 공부에 도움이 되는 자료들을 본 적이 있지? 공부 자료들을 공유하는 홈페이지들도 정말 많아졌어. 이 자료들을 하나씩 인쇄하려면 종이가 정말 많이 필요할 거야. 이제는 인쇄하지 않아도 PDF 파일을 굿노트에 불러와 바로 필기할 수 있어.

다운로드받은 PDF 자료를 굿노트에 불러오기

굿노트를 열고 '신규' - '불러오기'를 선택한 다음, 저장해둔 PDF 파일을 찾아 '열기'를 클릭하면 바로 굿노트에서 열려. 이제부터는 진짜 내 노트처럼 자유롭게 필기할 수 있어. 볼펜 도구로 밑줄을 긋거나 문제 해설을 쓰고, 형광펜 도구로 중요한 부분을 색칠하거나, 텍스트 도구를 이용해 타이핑해서 내용을 정리하고, 이미지 넣기 기능으로 관련 그림이나 사진을 붙이는 것도 가능해. 이렇게 자유롭게 필기하면서 PDF를 단순한 자료가 아닌 나만의 노트로 바꿔 보는 거야.

굿노트에 불러오기 좋은 PDF 자료들

어떤 자료를 다운로드해서 불러와야 할지 막막하지? 몇 가지 자료를 추천할게.

학습 플래너	종이 플래너와는 달리, 굿노트용 디지털 플래너는 하이퍼링크 기능이 있어서 날짜나 월별 페이지로 빠르게 이동할 수 있어. 기분에 따라 표지나 내지 디자인을 바꾸거나, 굿노트용 스티커를 다운로드해서 예쁘게 꾸밀 수도 있지.
평가지	학교나 학원에서 받은 평가지를 스캔해서 PDF 파일로 저장한 뒤 굿노트에 불러오면 문제 위에 바로 풀이를 쓰거나 오답을 정리할 수 있어. 종이 위에 덧쓰기보다는 훨씬 깔끔하고, 모아두기도 편해.
요약 자료	교과서 내용을 요약한 정리 자료나 각종 경시대회 같은 외부 시험 대비 자료도 PDF로 다운로드해서 노트 필기할 수 있어.

<table>
<tr><td>영어 단어장</td><td>단어 암기용 PDF를 불러오면 자주 틀리는 단어에는 형광펜을 칠해 두었다가, 확실하게 외웠다면 형광펜만 지울 수도 있어.</td></tr>
<tr><td>독후활동 워크북</td><td>출판사 홈페이지나 인터넷 서점에서는 독후활동 워크북 PDF를 제공하기도 해. 이 자료들을 굿노트에 모아두면 내가 읽은 책과 활동 기록이 한눈에 정리된 독후활동집이 되는 거야.</td></tr>
</table>

PDF 자료를 공부에 효과적으로 활용하는 방법

훌륭한 PDF 자료가 많아도 그냥 눈으로만 훑어본다면 내 자료가 될 수 없어.

① 읽으면서 핵심에 표시하기

② 여백에 자료 내용을 요약하거나 내 생각 쓰기

③ PDF 자료 마지막에 새 페이지를 추가해서 한 페이지에 전체 내용 정리해 보기

단순히 불러와 읽기만 한다고 공부가 되는 게 아니야. 어떻게 정리하고, 필기하고, 복습할지 방법을 결정해야 해.

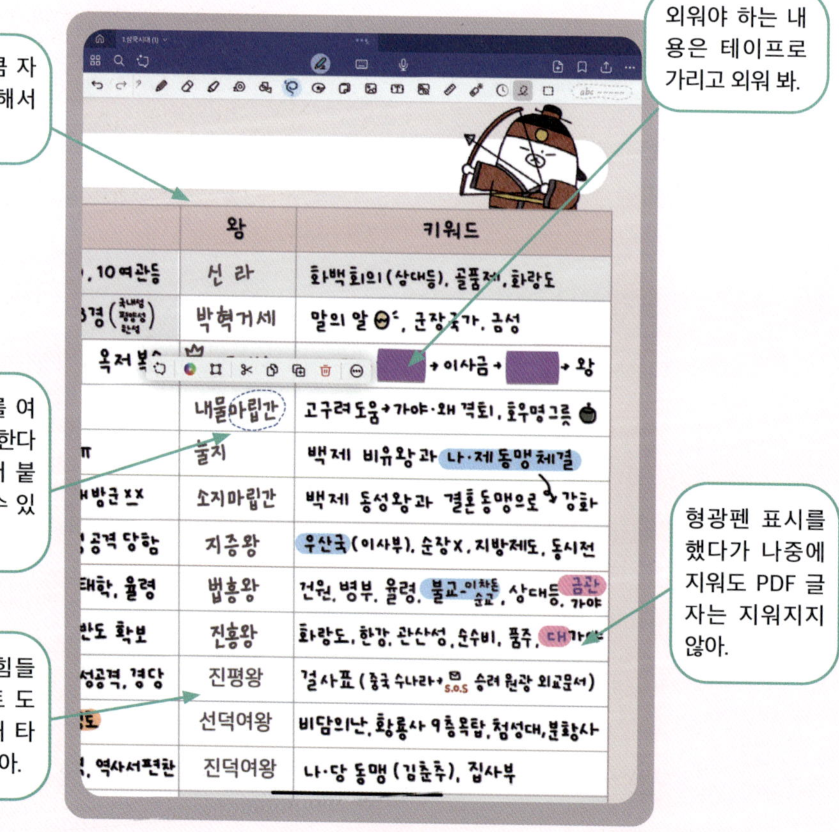

출처: '우쑤한국사 우쑤판서 시즌 1 삼국시대' 활용

챗GPT를 공부에 사용하기 전 꼭 기억해야 할 것이 있어. **초등학생은 챗GPT를 혼자 사용하면 안 돼.** 반드시 보호자와 함께 안전하고 올바르게 사용해야 해. 또, **챗GPT의 답변이 맞는지 여러 번 확인해야 해!**

챗GPT, 나의 공부 도우미가 되어줘!

공부하거나 노트 필기를 할 때 어려운 부분이 있으면 어떻게 해? 다른 사람에게 질문하거나, 이 책에서 설명한 팁처럼 포스트잇에 메모해 두었다가 선생님께 여쭤어 볼 수도 있지. 그런데 지금 당장 궁금한 걸 해결하고 싶을 땐 어떻게 할까?

친구와 서로 문제를 내며 공부해 본 적 있지? 왠지 친구랑 같이 하면 공부가 더 잘 되는 느낌이야. 집에서도 같이 문제를 내 줄 수 있는 친구가 있으면 얼마나 좋을까? 이럴 때는 챗GPT를 나의 똑똑한 공부 도우미로 삼아 봐. 공부는 혼자 하는 것도 중요하지만, 나를 도와주는 친구가 있으면 더 쉽고 편리해질 수 있어. 지금부터 챗GPT와 함께 알차게 공부하는 방법을 알려줄게.

이해 안 되는 것은 바로 물어보자

수업 시간에 설명을 들을 땐 이해가 된 것 같다가도, 막상 혼자 노트 필기를 하려고 하면 무슨 뜻이었는지, 왜 그렇게 되는지 막히는 순간이 있어. 그럴 땐 그냥 넘기지 말고 챗GPT에 바로 물어봐.

챗GPT에 질문할 때 '어떻게 물어보는지'가 아주 중요해. 이때 쓰는 질문을 프롬프트라고 해. 프롬프트를 입력할 때 궁금한 내용을 정확하게 쓰고, 누구를 위한 설명인지 함께 적는 게 좋아. 예를 들어, 과학 시간에 '연소' 개념이 어렵다면 단순히 "연소의 뜻과 조건을 알려 줘."라고 묻기보다 "연소의 뜻과 조건을 초등학교 6학년 수준으로 쉽게 설명해 줘."라고 물어보는 게 더 좋아.

질문	연소의 뜻과 조건을 알려줘.
답변	– 연소(燃燒)란 물질이 산소와 빠르게 반응하여 열과 빛을 내는 현상을 말해요. 쉽게 말하면, 무언가가 타는 것이 바로 연소예요. 예를 들어, 나무나 종이가 불에 타면서 열과 불꽃이 생기는 게 연소예요. – 연소가 일어나기 위한 3가지 조건 ① 가연물(탈 수 있는 물질) 　→ 예: 나무, 종이, 기름, 가스 등 ② 산소(또는 산화제) 　→ 공기 중의 산소가 대표적이에요. 연소에는 반드시 산소가 필요해요. ③ 발화점 이상의 온도 　→ 물질이 연소를 시작할 수 있는 최소 온도예요.

봐봐. 초등학생이 이해하기에 너무 어려운 대답이 나오지? 그렇다면 프롬프트를 바꿔 볼까?

질문	연소의 뜻과 조건을 초등학교 6학년 수준으로 쉽게 설명해 줘.
답변	– 연소(타는 것)는 물건이 공기 중의 산소와 만나 열과 빛(불꽃)을 내며 타는 것을 말해요. 예를 들면, 촛불이 타거나 나무가 불에 타는 것이 연소예요. – 연소가 되려면 꼭 필요한 3가지 조건이 있어요! ① 탈 수 있는 물질: 불에 잘 타는 물질이 있어야 해요. 　예: 나무, 종이, 기름, 초 같은 것 ② 산소(공기): 우리가 숨 쉬는 공기 중에는 산소가 있어요. 불이 타려면 이 산소가 꼭 필요해요. ③ 불이 붙을 만큼의 높은 온도: 불이 붙으려면 물질이 어느 정도 뜨거워야 해요. 이 온도를 발화점이라고 해요.

복습할 때는 문제로 확인해 보자

공부한 내용을 오래 기억하는 좋은 방법은 바로 문제를 풀면서 복습하는 것이야. 정리한 노트를 복습할 때 그냥 읽지만 말고, 챗GPT에게 문제를 만들어 달라고 해 봐. 지루했던 복습이 더 재미있고 쉬워질 수 있어.

먼저 노트 필기 내용을 사진으로 촬영해. 글씨가 잘 보이도록 밝고 또렷하게 찍는 게 좋아. 그래야 챗GPT가 사진 속 글자를 읽고 중요한 내용을 골라 문제를 만들 수 있어. 그다음 사진과 함께 문제를 만들어 달라고 요청해. 이때도 중요한 건 프롬프트를 어떻게 쓰느냐야. 예시를 볼까?

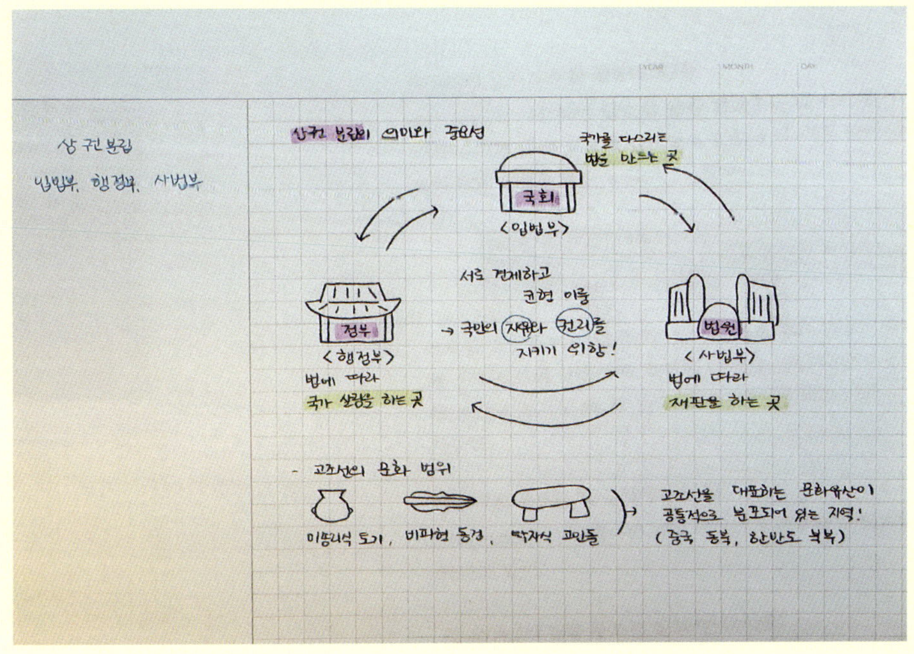

답변

빈칸 채우기 문제 ①
국가 권력을 국회, 정부, 법원이 나누어 맡는 것을 (   )이라고 한다.
　▶ 정답: 삼권분립
빈칸 채우기 문제 ②
(   )는 국가를 다스리는 법을 만드는 곳이다.
　▶ 정답: 국회
빈칸 채우기 문제 ③
삼권 분립을 하는 까닭은 국민의 (   )와 (   ) 을/를 지키기 위해서이다.
　▶ 정답: 자유, 권리

더 다양한 문제를 만들고 싶다면 아래와 같은 프롬프트를 사용해 봐. [대괄호] 안은 원하는

대로 바꿔서 쓸 수 있어.

① [학습자 나이]에 맞는 [공부한 주제] 내용을 OX문제 3개로 만들어 줘.
② [몇 학년] 수준으로 [주제]에 대해 객관식 문제 5개를 만들고, 정답과 해설도 알려줘.
③ [몇 학년] 수준으로 [주제]를 복습할 수 있는 OX, 객관식, 빈칸 채우기 문제를 섞어서 10
　개를 만들어 줘. 정답과 해설도 포함해 줘.

도움이 되는 답변이나 문제는 노트에 옮겨 적거나 출력해서 붙여 두면 좋아.

챗GPT의 공부 모드를 활용해 보자!

공부 모드를 사용하면 단순히 답만 알려주는 게 아니라, 마치 과외 선생님처럼 내가 문제를 풀 수 있도록 단계별로 질문해 줘. 예를 들어 내가 수학 문제를 물어봤다면 공부 모드에서는 이렇게 대답해 줘.

나	$24 \div (3 + 5)$ 문제를 알려줘.
챗GPT	여기서 먼저 해야 할 건 괄호 안 계산이야. 괄호 안에 있는 3+5는 얼마일까?

이처럼 정답을 바로 알려주기보다 문제를 푸는 과정을 함께 생각하게 도와주는 게 공부 모드의 장점이야. 문제를 다 풀고 나면 내가 어떤 과정을 거쳤는지 설명해 보라고 하기도 해. 또 내가 챗GPT에게 문제를 내면서 스스로 복습하는 것도 가능해.

챗GPT로 공부할 때 주의해야 할 점

어때? 챗GPT와 함께하면 정말 편리하게 공부할 수 있지만, 꼭 기억해야 할 주의사항도 있어.

① **챗GPT의 답을 무조건 믿지 말아야 해.**

AI도 실수하거나 틀린 정보를 줄 수 있어. 교과서, 선생님 말씀, 신뢰할 수 있는 자료와 비교해 확인하는 습관이 중요해. 특히 뉴스나 제도, 시사처럼 시간이 지나면 바뀌는 내용은 최신 정보인지 꼭 확인해야 해.

② **그대로 복사하지 말고 내 말로 정리해 봐.**

AI가 정리해 준 내용을 그대로 베끼기만 해서는 공부가 안 돼. 내가 이해한 내용을 바탕으로 다시 써보는 연습을 해야 진짜 내 것이 돼.

③ **질문은 구체적으로 해야 해.**

"이거 설명해 줘."보다는 "이 글의 주제를 초등학교 6학년 수준에서 설명해 줘.", "예시를 들어서 알려줘."와 같이 자세히 알려줘야 더 정확하고 이해하기 쉬운 답을 받을 수 있어.

④ **챗GPT는 '도우미'로만 활용해야 해.**

챗GPT가 내 숙제를 대신하거나, 나 대신 내용을 정리하게 하면 내 실력이 늘지 않아. 내가 먼저 스스로 공부한 뒤, 어려운 부분을 보완하거나 복습할 때 도우미처럼 활용하는 것이 올바른 방법이야.

무너지지 않는 멘탈관리법

주_ 공부하다 보면 멘탈이 무너질 때가 있잖아요. 선생님들도 공부하다가 좌절했던 경험 있나요?

윤_ 저는 모의고사 성적표 받은 날, 생각보다 성적이 낮으면 멘탈 잡기가 힘들더라고요. 평소처럼 꾸준히 공부하려 해도 집중하기가 쉽지 않았어요.

휘_ 맞아요. 기대보다 성적이 안 나오면 저도 모르게 실망스럽고 공부가 손에 안 잡힐 때가 있더라고요. 저도 비슷한 경험이 있었는데, 선생님만의 극복 방법이 있었나요?

마음이 힘들 때 극복하는 방법

주_ 저는 그런 날엔 루틴대로 공부가 잘 안 되더라고요. 그래서 오히려 기분 전환할 수 있는 시간을 가졌어요. 산책을 하거나, 좋아하는 노래를 들으면서 마음을 새롭게 다졌어요.

휘_ 재충전의 시간, 정말 좋은 것 같아요! 다만 이때 자포자기하는 마음으로 다 놓아 버리지 않는 게 중요하죠.

좌_ 분명 수업 들을 땐 이해했다고 생각했는데 문제집 풀 때 하나도 안 풀릴 때가 있어요. 20문제 중에 몇 개 빼고는 다 틀린 적도 있고요. 그때 정말 속상했어요.

휘_ 저는 남들은 오래 집중을 잘하는 것 같은데, 나만 공부가 잘 안되는 것 같을 때 괜히 비교되며 속상했던 적이 있어요.

좌_ 그런 경험은 꼭 필요한 것 같아요. 그럴 때 '나는 안 되는구나.' 하고 포기하지 말고, '누가 이기나 해 보자!'라는 마음으로 계속 덤벼야 해요.

주_ 맞아요. 중간에 포기하면 정말 아무것도 안 되는 것 같아요. 저도 힘들 땐 '진짜 내가 해내고야 만다!'는 마음으로 눈물 흘리면서도 계속 공부했던 기억이 나요.

좌_ 저는 항상 누가 이기나 해보자란 생각으로 계속 제 루틴을 이어가면서 공부하려고 했어요. 어려운 문제는 잠시 미뤄두고, 쉬운 문제부터 풀면서 기분 전환했어요.

휘_ 승협쌤의 '누가 이기나 한번 해 보자!'라는 마음가짐, 멋져요!

나만의 공부 루틴, 그리고 다시 시작할 용기

윤_ 저는 고등학생 때 학교 안에 '램프길'이라는 복도가 있었는데요, 왔다 갔다 왕복하면 15분쯤 되거든요. 그 길을 한 바퀴 걷고 돌아와서 다시 공부했어요.

주_ 선생님들은 이렇게 공부하다가 힘들 때, 의지했던 문장이 있으세요?

좌_ "무언가를 얻으려면 그만큼의 대가를 치러야 한다."라는 말을 자주 떠올렸어요.

휘_ 그 '대가'는 결국 나의 노력을 말하는 거겠죠? 선생님의 의지가 느껴져요.

주_ 맞아요. 노력한 만큼 원하는 걸 얻을 수 있더라고요.

좌_ 좋은 성적을 얻으려면, 좋은 공부를 해야 한다는 걸 의미하는 것 같아요. 공부는 안 하면서 성적만 잘 받고 싶어하면 안 되죠.

윤_ 저는 임용시험 공부할 때 늘 이 문장을 붙여두었어요. "No pain, no gain.(고통이 없으면 성과도 없다.)" 쉽게 얻어지는 건 없다는 걸 잘 알기에, 이 말이 늘 저의 원동력이 되었어요.

주_ 정말 유명한 문장이지만, 그만큼 정확한 말도 없는 것 같아요.

휘_ 저는 문장보다는, 남과 비교하지 않고 어제의 나보다 조금 더 나아지자는 마음으로 노력했어요.

윤_ 한 발자국 한 발자국 나아가다 보면 어느새 먼 길을 노력으로 채운 거더라고요. 한 뼘씩만 발전해도 곧 멋지게 성장한 나를 볼 수 있는 것 같아요!

주_ 저는 꾸답이요! "꾸준함이 답이다."라는 말이 있어요. 공부는 단거리 달리기가 아니라 마라톤 같잖아요. 잠깐 하고 성적이 오르길 바라는 건 욕심이죠. 지칠 때마다 "꾸답, 꾸답!" 하면서 다시 마음을 다잡았어요. 꾸준한 노력에 관한 노래도 들으면서 마음속으로 새기면 다시 열정이 불타오르더라고요!

휘_ '꾸답'이란 말 처음 들었는데 플래너 등에 적어두기 좋은 표현 같아요.

윤_ '꾸답'! 발음도 귀엽네요.

공부해도 성적이 안 오를 때는?

좌_ 혹시 공부해도 성적이 오르지 않는 학생이 있다면, 선생님들은 어떤 조언을 해주시겠어요?

윤_ 저는 꼭 원인을 찾으라고 말해요. 담임 선생님과 상담하거나 외부 학습 컨설팅을 받아보는 것도 좋고요. 열심히 해도 방향이 틀려 있으면 성적이 안 오르니까요.

주_ 맞아요. 저는 T라서 위로보다는, 정확하게 자기가 어떻게 공부하고 있는지, 공부 방법을 다시 돌아보라고 할 것 같아요. 잘못된 방법으로 계속 가면 오히려 되돌리기 어려워지더라고요.

좌_ 공부법을 점검해볼 필요가 있어요. 문제가 있는데도 본인이 인정하지 않으면 답이 없죠. 전문가의 피드백을 받아보는 것도 추천해요.

윤_ 그런 친구들은 자기에게 맞는 공부법을 찾기만 해도 성적은 금방 오를 수 있어요.

좌_ 이제까지 공부가 안된 원인을 파악하고 다른 사람의 피드백을 받아들이는 게 무엇보다 중요해요. 내 방법만 맞다고 생각하기보다는 내가 생각한 게 틀릴 수 있다는 것을 인정해야 해요.

윤_ 그리고 기초가 되어 있지 않다면 과감하게 기초부터 다시 공부하는 것도 필요하다고 생각해요. 특히 고등학생의 경우 이미 늦었다고 생각해 버려서 지금 앞에 놓인 내용을 공부하느라 급급한데, 기초가 부족한 거라면 중학교 내용부터 다시 볼 필요가 있어요.

주_ 실제로 중학교 때 친구가 수학 과목에 고민이 많았는데, 초등 3학년 문제집부터 다시 시작해서 성적이 쭉 올랐어요. 기초만큼 중요한 건 없어요.

휘_ 저도 고등학교 2학년 때 수학 성적이 안 좋아서 무엇이 잘못됐는지 확인해 보니 중학교 2학년 수학부터 부족하더라고요. 그때 중등 수학부터 다시 풀면서 실력이 확 늘었어요. 모르는 건 부끄러운 게 아니고, 반드시 알고 넘어가야 해요.

좌_ 그리고 내가 산 문제집을 끝까지 풀었으면 좋겠어요. 문제집을 다 풀지 않았는데 자꾸 새로운 문제집을 사면 안 돼요. 왜냐하면 어느 한 권 제대로 끝낼 수 없거든요. '시작한 건 끝을 본다'는 마음이 필요해요.

휘_ 누구나 속도는 달라요. 바로 성적이 오르지 않더라도, 기초 체력을 기르듯 차근차근 해 나가면 분명 실력이 향상될 거예요.

내 생각을 말하고 쓰는 힘, 어떻게 기를 수 있을까?

윤_ 요즘에는 단순하게 문제를 푸는 것뿐만 아니라 자신의 생각을 쓰고 말하는 것도 중요해졌는데요, 특히 AI가 발달한 이 시대에 정해진 정답이 있는 문제만 푸는 것은 미래를 대비하기 어려운 것 같아요. 자신의 생각을 잘 말하고 쓰는 방법이 있을까요?

주_ 초등학교 고학년 수업에서 토의토론, 논술 수업을 하다 보면 어려워하는 친구들이 많더라고요. 저도 선생님들의 꿀팁이 궁금해요!

좌_ 뻔한 이야기인 것 같지만 책을 많이 읽어야 한다고 생각하고요. 전 개인적으로 어린이용 독서 논술 책 있잖아요? 예를 들어 〈독서평설〉이나 어린이 신문을 챙겨 읽으라고 하고 싶어요.

윤_ 결국 내 생각을 말하려면 근거가 필요하니까요. 배경지식은 필수예요.

주_ 저는 말하기 전에 머릿속에서 생각을 구조화해 보는 연습을 추천해요. '핵심 먼저 → 이유 설명' 순서처럼 말이죠. 순서를 정해서 말하면 실수도 덜하고 논리정연하게 말할 수 있어서 좋더라고요.

윤_ 구조화 정말 좋은 팁이에요. 본문에도 나오는 씽킹맵 같은 도구들도 활용해보면 좋아요.

주_ 꾸준히 글 쓰는 습관도 중요해요. 일기나 자유 주제 글을 자주 쓰면, 생각하는 힘이 많이 길러져요.

휘_ 주영쌤의 말씀대로 꾸준함이 답이네요! 필사도 추천해요. 어떻게 써야 할지 막막할 땐 잘 쓴 글을 따라 써보는 것부터 시작하면 도움이 돼요.

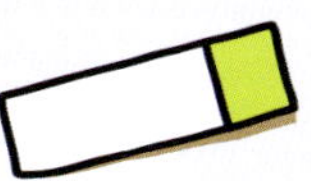

공부는 시험을 보기 위해서 하는 걸까?

좌_ 학생들은 종종 그런 생각을 하더라고요. '시험이 끝나면 내 공부도 끝!' '대학 가면 공부 끝' 등 뭔가 지금 내 앞에 닥친 시험이란 벽만 넘으면 공부를 안 해도 될 것 같다고 생각하지만 실제로 그렇지 않잖아요. 공부라는 게 정말 끝도 없이 이어지는 거라서 공부를 어떻게 할 때 새미있는지, 어떤 공부를 할 때 내가 정말 행복한지도 고민해 보면 좋을 것 같아요.

주_ 맞아요. 공부가 인생의 전부는 아니잖아요. 다 멋진 사람이 되기 위해서 치르는 과정이니까요! 선생님들은 멋지고, 가치 있는 사람이 되기 위해서 어떤 노력을 하고 계신가요?

윤_ 가치 있는 사람이라… 어렵네요. 저는 공부 이외에 꼭 지키려고 하는 것이 무엇일까 생각해 본다면 가족들에게 잘하기, 그리고 도움이 필요한 곳에 보탬 되기 정도일 것 같아요.

주_ 주위 사람에게 잘하는 것, 정말 중요한 것 같아요. 인성이 중요하다는 말이 있잖아요. 똑똑한데 주위 사람들을 무시하는 사람보다, 누구에게나 친절한 사람이 더 빛나는 것 같아요.

좌_ 나만 잘되는 게 중요한 게 아니라 내 주변에 소중한 사람이 함께 잘되는 길은 무엇인지 고민하고 있어요.

휘_ 저는 공부가 자신을 더 멋진 사람으로 만들어주는 과정이라고 생각해요. 학창 시절에는 교과목 공부가 대부분이지만, 지금은 제가 좋아하는 분야를 꾸준히 공부하며 발전하는 제 모습이 참 좋아요. 학생들이 단순히 공부는 '시험을 위한 것'이라고 생각하기보다 공부를 통해 더 좋은 사람이 되는 기쁨을 알았으면 좋겠어요.

완벽한 공부를
더 완벽하게
만드는 방법

자기 주도 학습
스스로 진단표

준비, 발전, 완성 단계를 읽고 나에게 해당되는 곳에 √ 표시를 해 봐. 표시가 끝나면 내가 부족한 단계가 무엇인지 파악해야 해. 만약 발전 단계에 √ 표시가 많다면 완성 단계를 읽고 내가 무엇을 해야 하는지 확인해야 해.

	준비 단계	발전 단계	완성 단계
계획하기	☐ 공부 시작 전에 계획을 세워 본 적이 거의 없다. ☐ 계획 없이 공부를 시작할 때가 많다.	☐ 플래너에 오늘 공부할 내용을 쓴다. ☐ 하루 중 언제 공부할지 시간을 적는다.	☐ 플래너에 공부할 내용을 시간대별로 구체적으로 정리한다. ☐ 계획대로 공부했는지 체크한다. ☐ 하루 공부를 스스로 돌아보고 부족한 부분을 반드시 채워넣는다.
교과서 읽기	☐ 글과 그림을 따라 읽기만 한다. ☐ 내용을 읽어도 잘 이해되지 않는다.	☐ 교과서의 내용을 이해하려고 노력한다. ☐ 중요한 내용이 밑줄을 긋거나 반복해서 읽어 이해한다.	☐ 교과서의 내용을 설명할 수 있다. ☐ 이전에 공부한 내용과 오늘 공부한 내용을 연결지어 이해할 수 있다.

노트 필기	☐ 노트에 글씨만 가득 적는다. ☐ 모든 과목을 한 공책에 정리한다.	☐ 과목별로 노트를 구분해서 쓴다. ☐ 나만의 정해진 방법을 정해 노트를 보기 좋게 정리하려고 노력한다.	☐ 그림, 색, 표 등 다양한 방식을 활용해 노트를 정리한다. ☐ 내가 쓴 노트를 여러 번 반복해서 보고 내용을 추가한다. ☐ 노트만 보고도 내용을 설명할 수 있다.
문제 풀이	☐ 문제 풀이에 자신감이 없다. ☐ 문제를 어떻게 풀어야 할지 모른다.	☐ 문제를 여러 번 읽고 어떻게 풀어야 할지 생각할 수 있다. ☐ 틀린 문제를 다시 살펴본다.	☐ 문제를 분석하고 어떻게 해결해야 할지 설명할 수 있다. ☐ 틀린 문제를 정리해 뒀다가 반복해서 푼다.

진단 결과로 찾는 나의 공부 방법

자기 주도 학습 스스로 진단표의 결과를 바탕으로 다음 단계로 넘어가기 위한 방법을 확인해 봐.

계획하기	☐ 아직 공부 계획 세우기가 익숙하지 않은 상태다.	☐ 공부 계획을 더 구체적으로 세우는 연습이 필요하다.	☐ 스스로 계획을 세우고 계획을 끝까지 지킨다.
교과서 읽기	☐ 수업 시간에 교과서 내용을 잘 이해하지 못하고 있다. ☐ 오늘 배운 내용 중 중요한 내용을 교과서에 밑줄친다.	☐ 이전에 학습한 내용과 오늘 공부한 내용을 연결하는 방법을 고민한다.	☐ 중요 개념을 정리해 친구 또는 가족 등에게 설명하는 연습을 해 본다.
노트 필기	☐ 중요한 내용이 무엇인지 파악하고 한 줄씩 적는 연습을 한다.	☐ 색깔과 기호 등을 다양하게 활용한 노트 필기를 연습한다.	☐ 나만의 필기 방법이 완성되었다.
문제 풀이	☐ 어려운 문제를 풀기보다는 쉬운 문제를 실수 없이 푸는 연습을 한다.	☐ 다양한 유형의 문제를 풀고 틀린 문제는 오답 노트를 만들어 본다.	☐ 문제 풀이 후 오답 분석까지 한다.

교과서 잘 읽는 법

노트는 교과서를 읽고 선생님께서 하신 말씀을 덧붙여 정리하는 과정에서 만들어져. 교과서를 건너뛰고 노트를 만들면 내용이 비어 있거나 중요한 걸 놓치기 쉬워. 과목마다 교과서를 읽는 요령이 조금씩 다르니, 함께 살펴보자!

공통으로 기억해야 할 점

먼저 공부할 문제를 찾자! 교과서를 열면 새로운 내용을 시작할 때, 페이지 왼쪽 위에 '공부할 문제'가 제시되어 있어. 이 부분을 먼저 확인하면 이번 차시에서 무엇을 배우는지 방향을 잡을 수 있어. 공부할 문제를 알고 공부하면 핵심을 더 쉽게 파악할 수 있고, 노트에 필기할 때도 도움이 돼.

국어

국어 교과서는 글을 읽고 이해하는 힘을 기르는 과목이야. 교과서에서는 중요한 개념을 캐릭터와 함께 말풍선으로 설명해 주는 경우가 많아. 이 말풍선에는 꼭 기억해야 할 핵심 내용이 담겨 있으니 빠뜨리지 않고 꼭 읽어야 해.

또 긴 글을 읽을 땐 중요한 부분에 표시를 하면서 읽는 것도 좋아. 예를 들어 주장하는 글을 읽을 때는 주장하는 내용과 그에 대한 근거에 밑줄을 그어가며 읽어 봐. 이렇게 표시하면서 읽으면, 나중에 노트에 정리할 때 무엇을 써야 할지 더 쉽게 파악할 수 있어.

수학 교과서는 수의 원리나 도형의 정의 같은 개념을 제대로 이해하는 게 중요해. 문제 해결 과정을 단계별로 보여주는 경우가 많기 때문에, 본문을 읽을 때는 그 과정을 집중해서 보고 직접 풀어보는 것이 꼭 필요해.

또 도형이나 수학 개념이 나왔을 땐 그 정의를 정확하게 이해한 뒤, 주어진 문제를 어떻게 풀 수 있을지 스스로 생각해 보는 게 좋아.

사회는 여러 가지 개념을 익히고, 이를 시각적으로 이해하는 것이 중요해. 본문을 읽을 때는 굵게 표시된 핵심 개념을 먼저 확인하고, 교과서에 나오는 지도, 표, 그림 자료도 꼼꼼히 살펴봐야 해.

글만 읽으면 잘 이해되지 않을 수 있기 때문에, 자료 속 정보가 어떤 의미를 담고 있는지 함께 보면서 공부하는 습관을 들이면 좋아.

과학은 원리를 이해하고 관찰한 내용을 정리하는 과목이야. 수업 시간에는 새로운 과학 개념을 배우고, 실험을 하거나 관련 영상을 보기도 해. 새로운 개념이 나오면 핵심 표현에 동그라미 표시를 하면서 뜻을 파악해 보고, 실험이나 활동이 나올 땐 과정과 결과를 실험 관찰 노트에 꼼꼼히 정리해야 해. 그래야 나중에 실험의 목적이나 결과를 헷갈리지 않고 잘 이해할 수 있어.

영어 교과서의 단원명은 그 단원의 핵심 표현이기도 해. 제목을 보면 그 안에 들어 있는 주요 문장 표현이나 단어가 무엇인지 알 수 있고, 어떤 상황에서 쓰이는지도 자연스럽게 알게 돼.

영어는 의사소통을 위한 언어이기 때문에, 눈으로만 읽기보다 입으로 소리 내어 읽는 것이 중요해. 소리를 내면 표현이 더 잘 기억되고, 듣기·말하기 실력도 함께 좋아져. 영어 문장은 꼭 입으로 말해 보면서 익히는 습관을 들여 봐.

만다라트 계획표 작성하기

만다라트 계획표란?

만다라트(Mandal-Art) 기법은 큰 목표를 중심에 두고, 그 목표를 이루기 위한 작은 목표 8가지, 그리고 각 작은 목표를 실천할 수 있는 구체적인 방법 8가지를 적어보는 계획표야. 무엇보다 오타니 쇼헤이 선수가 사용한 방법으로 유명해. 오타니 선수는 고등학교 시절, 프로야구에 입단하겠다는 큰 목표를 이루기 위해 만다라트 계획표를 사용했대. 목표를 8개 영역, 64개의 세부 행동으로 나누어 정리했는데, 그 안에는 '160km/h 던지기', '변화구 던지기', '일희일비하지 않기', '쓰레기 줍기', '사랑받는 사람이 되기', '물건을 소중히 여기기' 같은 실천 항목이 가득 들어 있었어. 이렇게 목표를 잘게 쪼개고 꾸준히 실천해서, 결국 모두가 사랑하는 최고의 선수가 되었지. 그래서 "목표를 세세하게 정하면 정말로 이루어진다."는 대표적인 사례가 되었어.

큰 목표	내가 이루고 싶은 최종 목표를 말해. 그래서 내가 앞으로 어떤 방향으로 나아가고 싶은지 잡아주는 목표라고 할 수 있어.
작은 목표	큰 목표를 이루기 위해 필요한 구체적이고 실행 가능한 단계들을 뜻해. 큰 목표가 너무 멀고 막연하게 느껴질 때, 작은 목표는 큰 목표로 가는 길을 나누어 보여주는 역할을 하지.
실천 방법	작은 목표를 실제로 어떻게 이룰지에 대한 행동 계획이야. 당장 할 수 있는 자세한 행동으로 정해야 해. 실천 방법이 구체적이어야 계획을 지키기 쉽기 때문이야.

일주일에 속담 10개				단원 끝나면 틀린 문제 정리하기				수업 후 사회 개념 정리
	국어 공부습관			수학 공부습관			사회 공부습관	
			국어 공부습관	수학 공부습관	사회 공부습관			
한 달에 과학 잡지 한 권	과학 공부습관		과학 공부습관	균형 잡힌 학습 습관	영어 공부습관		영어 공부습관	매일 영어 단어 10개
			독서	자기 관리	예체능			
	독서			자기 관리			예체능	
일주일에 독서록 한 편				10시 전에 잠들기				매일 10분 피아노 연습

만다라트 계획표의 칸을 모두 채우려고 하다 보면 오히려 부담이 생겨 계획을 세우는 데서 멈추게 될 수 있어. 칸을 빈틈없이 채우는 것이 목표가 아니라, 나에게 필요한 공부와 습관이 무엇인지 차분히 고민해 보는 과정이 더 중요해.

특히 만다라트 계획표는 연간 계획을 세울 때 큰 도움이 되는 도구야. 하지만 1년이라는 시간은 너무 길고 막연하게 느껴질 수 있으니, 매달 월초에 만다라트 계획표로 한 달 계획을 세우고, 월말에 스스로 얼마나 실천했는지 점검해 보는 것도 좋아. 이렇게 매달 작게 쪼개어 돌아보는 습관이 쌓이면, 1년 동안의 큰 목표도 훨씬 쉽게 이룰 수 있을 거야.

직접 해볼 순서야. 빈 만다라트 계획표에 너의 목표를 세워 봐.

"지금의 노력이 미래의 나를 만든다! 오늘 공부한 시간은 내일의 나를 더 멋지게 만드는 시간이야. 게으른 하루는 후회로 남고, 노력한 하루는 성장의 밑거름이 돼!"

이제 책을 덮기 전, 마지막으로 궁금한 것들을 선생님께 여쭤보자. 이제 너희 모두에게는 어떤 공부 습관도 효율적이고 확실하게 들일 수 있는 지식이 가득 생겼어. 100점짜리 공부 습관을 위한 마지막 질문이야!

Q. 노트 필기하는 데 시간이 너무 오래 걸려요. 저에게 안 맞는 걸까요?

A. 승협쌤: 아직 익숙하지 않은 일을 할 때는 누구나 시간이 오래 걸리잖아? 이 시간을 잘 견뎌내면 분명 노트 필기 속도도 빨라지고, 그만큼 보람도 느낄 수 있을 거야. 포기하고 싶을 때, 그 순간을 이겨내면 한 단계 성장하게 돼. 오늘도, 내일도 꾸준히 노트 필기를 해 보자!

휘경쌤: 처음엔 시간이 오래 걸리는 게 당연해. 중요한 내용을 고르고 내 말로 정리하는 게 익숙하지 않기 때문이야. 나도 처음엔 "이게 맞는 걸까?" 싶어서 좌절한 적이 있어. 그 래도 계속 연습하다 보면 점점 빨라지고 나만의 방식도 생겨. 부담된다면 교과서나 교재에 직접 필기하거나 포스트잇을 활용해 봐. 여러 방법을 시도하면서 자신에게 맞는 방법을 찾아가는 게 중요해.

윤희쌤: 먼저 무엇 때문에 시간이 오래 걸리는지 먼저 확인해 보자. 노트를 예쁘게 꾸미느라 오래 걸린다면 과감하게 방법을 바꿔야 해. 중요한 건 '내용'이니까, 꼭 예쁘게 할 필요는 없어.

주영쌤: 자전거 처음 배울 때 시간이 많이 걸리지만 계속 연습하다 보면 쉽게 탈 수 있지? 노트 필기도 마찬가지야. 연습하면 익숙해지고 시간도 훨씬 줄일 수 있어. 연습이 쌓이면 효율적인 나만의 필기법이 생기고, 더 빠르고 쉽게 노트를 정리할 수 있어. 포기하지 말고 꾸준히 해 보자!

Q. 학원을 꼭 다녀야 할까요?

A. 승협쌤: 학원은 혼자 공부하기 어려울 때 도움을 받을 수 있는 곳이야. 특히 수학 경시대회처럼 혼자 준비하기 힘든 경우 도움이 되기도 해. 하지만 중요한 건 공부는 결국 스스로 해야 한다는 것이야. 학원은 '보조 수단'일 뿐, 주인공은 너 자신이라는 걸 잊지 마.

휘경쌤: 학원이 도움이 될 수도 있지만, 꼭 필수는 아니야. 스스로 공부하는 법을 익히지 않으면, 누가 시키는 것만 하게 될 수 있어. 먼저 자기주도 학습 습관을 만들고, 부족한 부분을 보충하기 위한 수단으로 학원을 활용해 보는 걸 추천해.

윤희쌤: 학교에서도 학원에서도 결국 중요한 것은 자기주도학습! 공부에 도움이 되는 수단은 학원일 수도 있고, 인터넷 강의나 독학일 수도 있어. 하지만 결국 스스로 공부하고 점검하는 시간이 없다면, 어떤 수단도 효과가 없단다.

주영쌤: 학원보다 더 중요한 건 스스로 공부하는 시간이야. 특별히 어려운 과목이 없고, 스스로 공부하는 게 자신있다면 학원은 꼭 다녀야 하는 건 아니라고 생각해. 친구들이 다닌다고, 부모님이 시키신다고 다니면 오히려 시간만 낭비될 수 있어. 혼자서도 공부 내용을 충분히 소화할 수 있다면 너의 '공부력'을 믿고 혼자 공부하는 것도 좋은 선택이야!

Q. 노트 필기는 한 권에 하는 게 좋을까요, 아니면 과목별로 하는 게 좋을까요?

A. 승협쌤: 한 권에 다 쓰는 것도 방법이지만 개인적으로는 추천하지 않아. 나중에 내용을 찾을 때 헷갈릴 수 있고, 과목 간 연결이 어려울 수 있어. 과목별로 정리하면 복습할 때도 편하고, 내용도 더 깊이 있게 정리할 수 있어.

휘경쌤: 과목별로 정리하는 걸 추천해. 한 권에 다 쓰면 복습할 때 찾기 힘들고 순서도 뒤섞이기 쉬워. 과목별 또는 용도별(예: 오답 노트, 요약 노트 등)로 노트를 따로 두는 게 좋아. 훨씬 정리도 쉽고 복습도 편해.

윤희쌤: 과목별로 정리하면 내용이 차곡차곡 쌓여서 복습하기도 쉬워. 만약 노트 관리가 어렵게 느껴진다면, 두꺼운 공책에 과목별로 구획을 나눠 쓰는 방법으로 시작해 봐. 다만 한 과목 분량이 많아지면 곤란하니까, 종이를 넣고 뺄 수 있는 파일형 노트를 활용하는 것도 추천해!

주영쌤: 선생님도 과목별로 노트를 만드는 걸 추천해! 그날 공부할 과목만 꺼내서 볼 수 있고, 어디에 무엇을 썼는지 쉽게 찾을 수 있어. 또 오답 노트, 개념 정리 노트 등 노트의

목적에 따라 나눌 수 있어서 훨씬 효율적이야.

Q. 노트필기를 할 때 글씨를 예쁘고 쓰고 싶어요. 글씨를 못 써서 고민이에요. 방법이 있을까요?

A. **승협쌤:** 서점에 글씨 교정 책이 많아. 글씨가 고민이라면 그런 책을 참고해서 연습해 보는 걸 추천할게. 글씨 교정은 빨리 시작할수록 효과도 빠르단다!

휘경쌤: 노트 필기의 목적은 글씨를 예쁘게 쓰는 게 아니라, 내가 다시 봤을 때 잘 이해할 수 있게 정리하는 것이야. 글씨체가 조금 못나도 괜찮아. 대신 줄 간격, 글씨 크기, 색상 사용 규칙 등을 정하면 더 보기 좋아져. 내용 정리도 훨씬 잘될 거야.

윤희쌤: 선생님은 손에 힘이 부족해서 오래 쓰면 손목이 아팠거든. 요즘은 타이핑도 많지만, 중요한 시험은 여전히 손글씨로 보는 경우가 있어. 그래서 선생님은 '예쁘게'보단 '정확하게 쓰기'를 목표로 했어. 모음은 수직·수평을 잘 맞추고, 자음 ㅇ과 ㅎ은 정확한 동그라미로 그리기처럼.

주영쌤: 글씨는 예쁘게보단 '내가 알아볼 수 있게 쓰는 것'이 더 중요하다고 생각해. 너무 예쁘게만 쓰려고 하면 시간이 오래 걸리고 정작 공부 내용에 집중하지 못할 수도 있어. 예쁜 노트보다 알찬 노트, 이게 진짜 목표야!

Q. 공부할 때 자꾸 친구랑 비교하게 돼요. 친구와 비교하지 않고 나의 공부에 집중할 수 있는 방법이 있을까요?

A. **승협쌤:** 비교하는 감정은 자연스러운 거야. 그 감정을 먼저 인정해야 해. 그리고 매일 공부가 끝난 뒤 '내가 오늘 잘한 점 세 가지'를 적어 봐. 이 작은 습관이 결국 너와 친구의 큰 차이를 만들어 줄 거야.

휘경쌤: 공부는 달리기처럼 1등을 겨루는 경쟁이 아니야. 어제의 나와 오늘의 나를 비교하는 것, 그게 진짜 중요한 비교야. 하루하루 나의 성장을 기록해 봐. 예를 들면 플래너에 '오늘의 잘한 점'을 적어보는 거야. 나 자신에게 집중할 수 있고, 작은 성취가 쌓이면 공부도 더 즐거워질 거야.

윤희쌤: 선생님의 가장 소중한 친구가 늘 나보다 공부를 잘했어. 비교 안 하는 게 불가능했지. 하지만 비교 자체가 나쁜 건 아니야. 단, 비교하면서 나를 깎아내리지 않도록 조심해. "나도 저건 한번 해볼까?"처럼 긍정적인 에너지로 바꿔보자.

주영쌤: 내가 바꿀 수 없는 건 내려놓고, 내가 바꿀 수 있는 '나 자신'에 집중해야 해. 자존감이 높아야 공부도 잘돼! 스스로를 아끼는 마음, 그게 가장 중요한 시작이야.

"내 꿈은 나만이 지킬 수 있다! 누구도 내 꿈을 대신 이뤄줄 수는 없어. 남과 비교하지 말고, 그렇다고 너무 여유롭게만 생각하지 말고, 내 길을 꾸준하게 묵묵히 걸어 나가자!"

일곱 단계 무지개 공부 약속

	실천 내용	시간
1단계		분
2단계		분
3단계		분
4단계		분
5단계		분
6단계		분
7단계		분

	1단계	2단계	3단계	4단계	5단계	6단계	7단계	성취의 경험
1일차	☐	☐	☐	☐	☐	☐	☐	
2일차	☐	☐	☐	☐	☐	☐	☐	
3일차	☐	☐	☐	☐	☐	☐	☐	
4일차	☐	☐	☐	☐	☐	☐	☐	
5일차	☐	☐	☐	☐	☐	☐	☐	
6일차	☐	☐	☐	☐	☐	☐	☐	
7일차	☐	☐	☐	☐	☐	☐	☐	
8일차	☐	☐	☐	☐	☐	☐	☐	
9일차	☐	☐	☐	☐	☐	☐	☐	
10일차	☐	☐	☐	☐	☐	☐	☐	
11일차	☐	☐	☐	☐	☐	☐	☐	
12일차	☐	☐	☐	☐	☐	☐	☐	
13일차	☐	☐	☐	☐	☐	☐	☐	
14일차	☐	☐	☐	☐	☐	☐	☐	
15일차	☐	☐	☐	☐	☐	☐	☐	
16일차	☐	☐	☐	☐	☐	☐	☐	
17일차	☐	☐	☐	☐	☐	☐	☐	
18일차	☐	☐	☐	☐	☐	☐	☐	
19일차	☐	☐	☐	☐	☐	☐	☐	
20일차	☐	☐	☐	☐	☐	☐	☐	
21일차	☐	☐	☐	☐	☐	☐	☐	

나는 해 내는 사람이다!